青少年必读



# 神奇的地理景观

吕青 主编

河南科学技术出版社
·郑州·

**图书在版编目(CIP)数据**

神奇的地理景观 / 吕青主编. —郑州 : 河南科学技术出版社, 2013.9

(青少年必读)

ISBN 978-7-5349-6204-2

Ⅰ. ①神… Ⅱ. ①吕… Ⅲ. ①自然地理-青年读物②自然地理-少年读物 Ⅳ. ①P9-49

中国版本图书馆 CIP 数据核字(2013)第 155806 号

出版发行:河南科学技术出版社

地址:郑州市经五路 66 号　　邮编:450002

电话:(0371)65788613　　65788139

网址:www.hnstp.cn

策划编辑:孙　珺

责任编辑:张　翼

责任校对:柯　姣

封面设计:嫁衣工舍

版式设计:中图传媒

责任印制:张　巍

印　　刷:北京嘉业印刷厂

经　　销:全国新华书店

幅面尺寸:787 mm×1092 mm　1/16　　印张:12　　字数:210 千字

版　　次:2013 年 9 月第 1 版　　2013 年 9 月第 1 次印刷

定　　价:20.00 元

# 目　录

## 地理万千篇

## 山川奇诡篇

## 华夏谜题篇

# 地理万千篇

# 地球究竟是怎样形成的

我们生活的这个地球是如何形成的？具有了一定科学知识的当代人，当然不会满足上帝“创世说”或开天辟地说这样的答案。实际上，早在18世纪，法国生物学家布封就以他的彗星碰撞说打破了神学的禁锢。然而，人们也许还不知道，随着科学的进步，关于地球成因的学说已多达10多种，现列举一些如下：

地球的形成

1. 彗星碰撞说。很久很久以前，一颗彗星进入太阳内，从太阳上面打下了包括地球在内的几个不同行星（1749年）。

2. 陨星说。陨星积聚形成太阳和行星（1755年，康德在《宇宙发展史概论》中提出）。

3. 宇宙星云说。星云（尘埃）积聚，产生太阳，太阳排出气体物质而形成行星（1796年，法国拉普拉斯在《宇宙体系论》中提出）。

4. 双星说。除太阳之外，曾经有过第二颗恒星，行星都是由这颗恒星产生的。

5. 行星平面说。所有的行星都在一个平面上围绕太阳转，因而太阳系才能由原始的星云盘而产生。

6. 卫星说。海王星、地球和土星的卫星大小大体相等，也可能存在过数百个同月球一样大的天体，它们构成了太阳系，而我们已知的卫星则是被遗留下来的“未被利用的”材料。

在以上众多的学说中，康德的陨星说与拉普拉斯的宇宙星云说，虽然在具体说法上有所不同，但二者都认为太阳系起源于弥漫物质（星云）。因此，后来把这个假说统称为康德—拉普拉斯假说，而被大多数科学家认可。

随着科学的进展，人们发现“星云假说”也有不少不能自圆其说的问题。如逆行卫星和角动量分布异常问题。根据天文学上观察到的事实：在太阳系的系统内，太阳本身质量占太阳系总质量的99.87%，角动量只占0.73%；而其他九大行星及所有的卫星、彗星、流星群等总共只占太阳系总质量的0.13%，但它们的角动量却占99.27%。这一奇特现象，天文学上称为太阳系角动量分布异常问题。星云说对产生这种分布异常的原因“束手无策”。

另外，现代宇航科学家发现越来越多的太空星体互相碰撞的现象，1979年8月30日美国的一颗卫星P78-1拍摄到了一个罕见的现象：一颗彗星以每秒560公里（1公里=1000米）的高速，一头栽入了太阳的烈焰中。照片清晰地记录了彗星冲向太阳被吞噬的情景，12小时以后，彗星就无影无踪了。

1887年，也发生了一次“太空车祸”，人们观测到一颗彗星在行经近日点时，彗头被太阳吞噬；1945年，也有一颗彗星在近日点“失踪”。

苏联天文学家沙弗洛诺夫还认为：地球所以侧着身子围绕太阳转，是地球形成一亿年后被一颗直径1000公里，重达1012亿吨的小行星撞斜的……

既然宇宙间存在天体相撞的事实。那么，布封的“彗星碰撞”说的可能性依然存在，于是新的灾变说应运而生。

今天，关于地球起源的学说层出不穷，但地球究竟是怎样形成的，仍是一个谜。

# 地球转，地核也转吗

苏联一位名叫帕·切尔卡申的研究人员，根据计算认为，地核的旋转速度要比其外壳快上许多倍。看来，这一假设颇有些不平常。物理学家、行星学家以及动力学专家，都对这一大胆假设很感兴趣。

地球运动的结果

早在4个世纪以前，伽利略就确定了自由落体加速度。牛顿发现万有引力定律也已有300年了。然而对重力加速度的物理本质，现代科学至今未能做出令人满意的回答。

根据爱因斯坦广义相对论方程，可以得出引力波存在的可能性。这种引力波也许有助于问题的解决，但是经过几代科学家们的努力，这种引力波始终未能发现，因此直到目前都不能不承认，那些怀疑引力波存在的观点仍然是强有力的。

帕·切尔卡申根据理论推算，提出了一种假设：地核旋转速度比其外壳（地幔）快16倍。他认为自由落体加速度的物理本质正蕴涵于这一理论之中。根据他的计算，如果地球表面旋转速度为每秒0.465公里，那么根据已知的地核地质半径推算，地核表面的旋转速度应为每秒4.3公里。

在近地低轨道上飞行的人造卫星，也是以与地核相同的角速度旋转的。

按照这一假设，我们可以对地球电磁场产生的机理做出有趣的解释。地球模型的剖面看上去很像发电机：地幔是定子，地核是转子。于是人们就想，假如地球是一部巨型发电机，那么当人们找到了通向地核的方法以后就可以获得取之不尽、用之不竭的能源。

让我们来设想一下未来有这样一个电站：巨大的超导电缆从四面八方通向电站；其附近没有水坝，也没有冒烟的大烟囱；电站厂房内没有涡轮机、锅炉、原子反应堆，也没有热核装置……巨大的电能直接由地核产生……那么，世界上只要有几个这样的电站，就可以保证全球用电了。当然，这一切在今天还只不过是想象而已。

不过，帕·切尔卡申的假设可以回答这样一个问题：为什么一些天体没有磁场？答案很简单：要么是天体核的旋转速度不足以产生磁场，要么是天体根本就没有核。

从行星学角度看，帕·切尔卡申的假设是很有意思的。它有助于在理论上确定地球以及太阳系所有其他行星核的半径、质量、密度、转速以及其他一些参数。总的讲，这些计算与目前科学研究所得出的结果是一致的。

如果帕·切尔卡申的大胆假设得到了验证，那么它就可以用来解释自由落体加速度和引力常数的物理本质。它们将与光速、电荷单位、哈勃常数以及其他一些量并列为物理学的主要基本常数。

现代科学都了解，太阳动量矩（脉冲矩）中占所有行星总动量矩的2%。显然，这里动量矩与守恒定律是不相符的。帕·切尔卡申的假设可以解释这一矛盾现象。根据他的假设，不足的动量矩完全出于太阳核心，它的转速比其外层要快上218倍。根据帕·切尔卡申的计算得出的太阳核心的旋转周期，与通过试验确定的太阳光的脉冲周期2小时40分是一致的。

当然，帕切尔卡申的假设也带来了许多问题。例如：什么力量使地核旋转？为什么这一转速后来不传给地幔？为什么？为什么？……是啊，不正是因为这些“为什么”，帕·切尔卡申的观点才叫做假设吗？要知道，正是这样一些假设常常给人们带来新的发现，而人类需要发现的东西又是何其多呀！

# 地球多大岁数了

几千年来，人类一直想知道地球的年龄。为求取答案而做的广泛调查研究，时常与这个谜团本身同样引人入胜。可是直到近50年间，研究人员才拥有了能够精确推算地球年龄所需的技术和仪器。1950年以后，才能推算出史前大事的确切年代。



地球年龄早已有过不少估计，许多宗教的经典中，都有地球的年表。举例来说，印度婆罗门教认为，地球与时间同是永恒的。公元前三世纪的埃及学者曼尼索编成地球36 000年历史中，神和半神半人的朝代列表。希伯来学者则仅把创世年代定为公元前4000年左右。希伯来人的创世纪故事，部分可能取材自早期的巴比伦神话，不过有些神话所提到的开天辟地时间较为古远。

地球的年龄

1654年，爱尔兰亚尔马总主教厄谢尔从旧约全书的系谱推算出，创造地球的年份是公元前4004年。与厄谢尔同时代的一位学者，自称算出地球诞生的准确日子和钟点是10月23日上午九时。但研究同一旧约全书资料的希伯来学者，则推算出创世年份为公元前3761年。传统的希伯来日历，就从这一年开始。

近代许多神学家都对按照字面解释圣经的观念提出异议。实际上，远在公元五世纪时，圣奥古斯丁就认为：创世的六天时间可能是指必然经过的几个阶段，而不必是字面上的时间序列。即使较保守的基督教学者，今天通常也同意，可以把创世的六天看作象征六个概括的时期或时代，而不必以24小时为一天。

不管怎样，公元18和19世纪时，科学知识较为发达，学者都知道地球的年龄必定远超过几千年。科学家于是开始一连串独出心裁的钻研，探究地球的实在年龄。1715年，英国天文学家埃德蒙·哈雷提出，科学家追求的证据在海洋里。哈雷说，让我们假定海水最初是从大气落下的淡水。今天海水里的盐分，可能是后来经过数不清的年代，由河水把盐冲入海洋所致。拿目前海洋所含钠盐的吨数，除以每年世界各大河流冲入海洋盐的平均吨数，便可计算出海洋的年龄。科学家虽然试过哈雷的方法，但推算出的海洋岁数显然太低。我们现在晓得，河水挟入海洋的盐量，在过往的年代中变化极大。此外，海洋盐分还有其他成因，包括火山活动，熔岩从洋底的裂隙涌出来等。

早期提出推算地球年龄的另一方法，是测量洋底每年的沉积率。以此沉积率除海洋沉积的估计部厚度，便可以求出海洋年龄。今天，我们知道这个方法有几个疑难问题。其中一个是：有关“板块构造”的新近发现显示，随着全球的海底移动，洋底沉积也会不断移动，甚至毁灭。

1799年，英国运河测量员威廉·史密斯提出一个概念，其已成为今天地质学的基本概念之一，即断定岩层相对年龄的方法。史密斯指出：沉积岩岩层中发现的各种化石，“永远以相同层次上下排列”。因此不管在什么地点，化石便成为地质学家断定岩层相对年龄与层次顺序的标准。但是这种推定年龄的方法，只属比较性质，仅能确定某一岩层比另一岩层古老或年轻。至于岩石的确实年龄，仍然无法求得。

到了19世纪，一些地质学家朝另一个方向探讨。他们开始设法估计，地球自有生命以来，迄今经历了多久的时间。1867年，地质学之父查理·莱伊尔爵士推测：2.4亿年时间足以说明地球上各种动植物在过去所发生的重大递变。但是与莱伊尔同时代的一位学者估计，仅需6000万年。博物学家达尔文支持莱伊尔的估计，辩称6000万年不足以说明整个生命史与现代有机体的演化。

大约同时，英国物理学家基尔文勋爵认为地球的岁数应更低。他假设地球最初是一个灼热的熔融体，计算地球冷却到目前仅剩下一个熔融核心所需的时间。结果得出地球的年龄只是2000万年。与基尔文同时代的地质学家和古生物学家，多半认为这样低的岁数似乎不大可能。

后来发现，基尔文没考虑到当时未能充分了解的另外一个热源，那就是使地球内部岩石暖热的热力。这种热是由藏在地面下的放射性元素产生的。况且，地球几乎绝非起源于一个熔融体。近代学说认为：原地球是从一团由冷尘和气形成的云逐渐积聚而成的，受到藏在内部的放射性元素发热的影响才暖热起来。基尔文如果晓得这些因素，就会知道地球年龄一定超过 2000 万年。

今天的科学家都知道，地球年龄甚至比莱伊尔和达尔文所想象的老得多。现代对地球年龄的估计，是根据存在于地球放射岩石里的一种“地质钟”。1905 年，美国化学家博尔特伍德指出：在含铀的岩石中，一定有铅元素。博尔特伍德注意到，在地球的任何一个地区内，放射性岩石中所含铅与铀的比例，通常都极为一致。博尔特伍德就假定（经证明是正确的），各种形态的铅是放射衰变过程的最后产物，铀同位素逐渐变成铅同位素。博尔特伍德推论，如果铅是这种缓慢衰变过程的最后产物，那么就年份相同的放射性矿物来说，铅与铀的比例应该是相同的。他认为：只要能晓得铀衰变的速率，就可从岩石中铅同位素与尚未改变的铀同位素的相对比例，精确算出岩石的年代。随后的研究显示，铀的放射衰变率极为缓慢。

岩石是最初的铀原子，已知需要经过 45 亿年以上，才有一半发生衰变。这个数字称为铀的“半衰期”。

到现在为止，借铀—铅比例和其他较新的放射推算法，确定了不少远古岩石的年代。最老的岩石是产自南极洲、南非、澳大利亚、苏联和北美的“加拿大地盾”。放射化学分析显示，最古老的岩石是在 30 多亿年前形成的。在这样古老的岩层下面的岩床，凝固时间则必然在地球历史中更早的时代。地质学家至今还未能确定这些岩床的年代。岩床或许出自地球的原始地壳。但直到目前为止，还没有岩石经鉴定为原始地壳的一部分。

地球的原始地壳究竟有多古老呢？许多科学家相信，陨星是一颗行星或者许多小行星的残骸，原来是与地球和太阳系的其他行星同时形成的，不过后来碎裂了。果真如此的话，那么我们借铀—铅比例测定从天空降下的陨星碎块的年龄得知，地球的年龄接近 46 亿年。

# 何时查清地光奥秘

光，作为地震前后常见的自然现象，早在《诗经》里就有记载，近来我国发生的海城、邢台、唐山、松潘等大地震中，地光也屡有出现。根据人们的观察，地光的形态可谓多种多样：其颜色就有白、红、粉红、橙红、绿、蓝不等。其形状又有：闪电状、朦胧弥漫状、条带状、柱状、信号弹状、散射状和火球状等。

地　光



有关地光的成因，科学界说法不一，主要有以下几种解释：

（1）摩擦生热说：这是米尔恩于 1898 年首先提出的，它源于锤子敲击岩石迸溅火星的启发，认为地光是地震时岩块相对运动发生摩擦而产生的发光现象。但这一理论却不能解释地光的各种现象，如有些地光发生在半空中，有些地光还伴随着日光灯式自动闪烁，以及地光以球形和柱形出现的缘由等等。

（2）水的毛细管电位理论：这是日本学者寺田寅彦根据物理学原理在

1931 年提出来的。他认为，一场强烈的地震所影响的深度可与地面上波及的范围相当。在地震影响的深度范围内，地下水受到挤压，便通过许多毛细管般的岩石孔隙向上移动，产生了流动电位。寺田推测地下水所受的压力，相当于 100 公里厚的岩柱所产生的压力，根据流动电位的计算公式可得出，地下水流动所产生的电位差达到 300 万伏。显然，这样巨大的电位差足以导致产生高空放电形成地光。但有人对此观点提出了质疑，认为地光并不都发生在高空，而且对其计算结果也表示怀疑。

（3）压电效应理论：物理学的实验发现，许多晶体在受到挤压或拉伸时，会在两个平面上产生相反的电荷，称为“压电效应”。1970 年，芬克尔斯坦和波威尔指出：当石英在地壳岩层中作有规律排列时（若无规律，则产生的压电效应将互相抵消），如果沿长轴排列的石英晶体的总长度相当于地震波的波长（近于 2 公里）时，就会产生地震电效应。若地震压力的压强为 30～300 帕，就可能产生 500～5000 伏/厘米的平均电场。这个电场足以引起类似暴风雨时的闪电那样的低空放电现象，产生地光。这显然与地光在强震区当中不论其地下岩石性质如何都广泛出现的实际情况不相吻合。另外，它也没能解释在一些震区有时可以观察到的“电子暴”。

（4）低空大气发光理论：1961 年，日本学者安井丰提出在地震区常会有以氡为主要成分的放射性物质，被从地里“抖”到大气中。特别是在含有较多放射性物质的中、酸性岩石分布区和断层附近，大气中的氡含量将有显著提高（这一点已为实测结果证明），这也将使大气电离化增强，导电率增加。安井丰受芬克尔斯坦的启发，认为如果这时地面存在一个天然电场，这个电场可以由压电效应产生，那么就会向空中大规模地放电，使地光闪烁起来。这一理论是目前解释地光形成原因的许多假说中比较成功的一个。

但是，要彻底揭开地光产生之谜，还需今后加强对地光的科学观察和记录，还要用现代的先进技术装备，及时地捕捉有关地光的各种信号，并仔细区分不同的地光类型。可以相信，随着探索和研究的深入，我们终将洞悉地光的秘密。

# 地球气温变化的奥秘

地球的光和热主要源于太阳，是太阳赋予地球以阳光、大气和生命，所以谈到地球的冷热变化，人们往往会联想到太阳。

但是，在地球形成的地质年代中，曾经发生过近百次冷与热的交替，地球最冷时，极地冰川可能延伸到某些较低纬度地区，在我国南部的亚热带地区也曾有过山谷冰川的发育。地球最热时，能使南、北极地冰川融化，在极地不仅发现有代表湿热气候的石炭二叠系煤层，并有热带的动、植物化石存在。

地极冰川

地球历史上的冷热现象是怎样产生的，难道是太阳忽冷忽热导致了地球冷热变化吗？太阳能否热得使地球极地成为热带气候，反之又冷到使赤道附近变为寒冷地带吗？于是研究太阳、探索地球气温的演变，就成了人类千百年来追溯地球冷热变化的谜团。

20 世纪下半叶以来，随着科学的高速发展，天文学家们经研究确认：在地球生成的 40 多亿年中，太阳没有发生过明显的忽冷忽热变化，在未来的 50 亿年中，太阳也不会发生这种变化。太阳只存在着 11 年为一个周期的黑子变化，这种变化是强磁场产生的粒子辐射现象，虽然对地球的气候有周期性的影响，但绝不会构成地球长周期的大规模冷热变化。既然太阳不会暴冷暴热，那么地球为什么在某些地质年代会变得寒冷，而在某些地质年代又变得那么炎热呢？极地的热带气候究竟是如何形成的，热带的冰川又是怎样发育的呢？围绕这些地球之谜，在科学界曾引起了许多学说的争鸣。

争论情况大致认为：

(1) 地球大规模冰进与冰退，即地质年代中冰期与间冰期冷和热的交替，显然不能归结于太阳的冷热变化；

(2) 也不是地球旋转轴发生位移，造成地球90度大倾斜，而导致了极地和赤道的位置互换；

(3) 更不是源于宇宙物质——宇宙尘，彗星，小行星等对地球的影响，以及地球的外界引力所致。

从地球近日寒冬、远日反而是酷夏这一现象来看，也说明地球的冷热变化主要不取决于距太阳的远近，而春、夏、秋、冬四季的冷热差异，也不在于太阳的能量变化，主要在于地球的偏转运动。因此可以认定：太阳的能量是不变的，地球的冷热变化主要不在于太阳，而在于地球本身的变化，所以对地球历史上和现代所发生的冷热之谜，也只能在地球本身来寻觅这个难解的谜底。

地球变暖的因素主要表现在低层大气中，而低层大气最大温室气体是水蒸气，如果二氧化碳形成的"温室效应"增强，必然会蒸发更多海水，海水蒸腾作用会产生更多的云，而云量增多、增厚又会吸收和反射太阳光辐射，形成"阳伞效应"，使高空变热、地表面变冷，这显然与气象卫星观测情况不符。同时云量增加又会导致更多的阴雨气候，这显然与地球多年来干旱、水荒、气温上升情况恰恰相反。因此二氧化碳是否是造成地球变暖的真正元凶也还是个未解之谜。

科学家们认为：人类对地球气温变化的干预能力虽然极其渺小，但因为地球表面的温度的平衡是以十分微妙的力学关系来维持的，只要使地球外围大气层的成分稍加变化，就能使地球温度升降2摄氏度。若地球平均温度升高2摄氏度，就可使地球南北两极的冰川全部融化；相反，地球平均温度下降2摄氏度，便会导致地球冰川遍地，重新进入冰河期。当地球稳定的热平衡因人为的因素而被打破时，就会导致地球气候的急剧变化。许多科学家认为地球正在变暖，一般老百姓也有这种感觉，这样会导致冰川融化；而也有些气象专家根据多方面的气象资料分析，认为地球将进一步变冷，可能面临一个新的冰河期的到来。对于这一全球性的热门问题，地球将到底是变暖还是逐渐变冷，科学家们正在探讨之中。

# 地球内部究竟为何物

在中学地理课本中，我们了解到地球是由地壳、地幔、地核三部分组成的，然而这种知识应当说是很肤浅的。因为就目前来说，我们只能“触摸”到地球表面薄薄的一层壳。地球的最高峰——珠穆朗玛峰的高度为8848米，而最深的勘探井（在科利斯半岛）约深12公里。对比这些数字，我们会发现，我们可以直接研究地球表层的厚度仅为20公里左右。

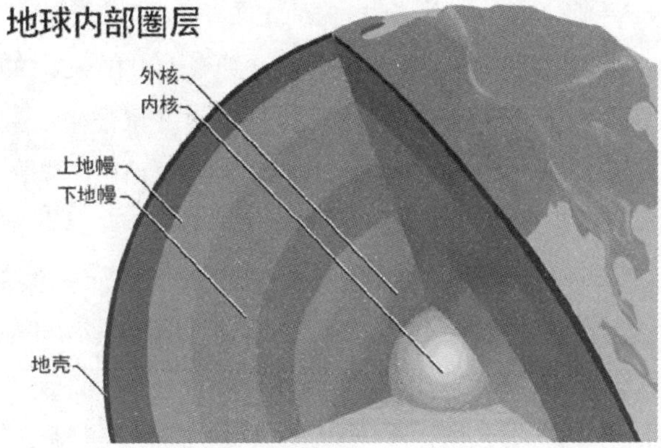


地球内部

然而，再往底下是什么？地球内部中心究竟为何物？……这是千百万年来始终令人困惑不解的一个谜。

19世纪后期，人们注意到了这样一种现象：火山喷出熔岩的温度随着深度而增高；地球深处温度升高的现象也可以在钻井中看到。根据温度随深度增加的速率来计算，地心的温度竟可达10万度左右。在这样高的温度下，即使地心具有极高的压力，任何物质也都会变为气态状态。于是许多研究者提出了“气态地核说”。

但是，也有人认为这一学说是建立在钻井和火山资料基础上的，其最深也不会超过60公里，因此所推测出的地心高温概念是不可信的。19世纪末，人们通过重力测量求出了地球密度值为平均5.52克每立方厘米。它比地表任何岩石的密度都大许多，因此推想地核内部一定有密度更大的东西。

19 世纪中期到 20 世纪初期，地震波的研究，为我们探索地球内部的奥秘提供了一个好帮手。由于剧烈晃动（爆炸、地震）而产生在地表的弹性震动传播到地球内部，在不同的水平面上变换着速度，由具有各不相同的物理属性的地表层反映出来，用精密仪器记录下来。

第一个利用地震仪发现地球内部奥秘的是前南斯拉夫的地震学家莫霍罗维奇。1909 年 10 月 8 日，南斯拉夫的萨格勒布发生了一次强烈地震，莫霍罗维奇在研究这次地震所记录的数据时，发现地震波传播的速度在地表下面 33 公里处，存在一个不连续的跳跃，说明在这个深度上下的物质密度相差很大。以后，科学家确证这个球面是地壳和地幔的分界面，并以莫霍罗维奇的名字来命名，称为莫霍不连续面，简称莫霍面。

1914 年，美籍德国地震学家古登堡在观测远方所发出的地震波时，又发现在地表下面 2900 公里处，地震波的传播速度也发生了急剧改变。如法炮制，这里又成了地幔和地核的分界面，地学上称作古登堡面。

通过进一步的研究，人们知道了地幔的物质具有固态特征，它的上部由含二氧化硅 24% ~25% 左右的超基性岩组成，性质类似橄榄岩，因此，被称为“橄榄岩层”，同时，它又含有丰富的硅和镁元素，又称它为硅镁层。

1936 年，丹麦地质学家莱曼对地核中传播的地震速度进行了更精密的测量，又发现地核可分为内核和外核两部分，内外核的分界处在地表下 5100 公里处。外核中地震波横波不能通过，人们推测它为液态，而到内核，横波又重新出现，说明它是固态。由于地震波在整个地核中的传播速度与它在高压下铁的传播速度相等，人们自然推测地核可能是高压状态下由铁、镍一类物质构成的。

然而，并非所有学者都同意上述观点，在不断研究中，又先后提出了“金属氢地核说”、“金属氢化合物地核说”、“铁硫地核说”、“铁硅地核说”、“铁氧地核说”等等。目前，学术界认为铁氧说、铁硅说、铁硫说是三种可供选择的较佳方案。然而这三种学说也只是人类用智慧对地球内部体形的间接“窥视”而无法直接用“肉眼”寻找证据，所以地球中心究竟为何物仍是个谜。

# 地球南北极磁场到底为什么会换位

乍看起来，这似乎是一个不该问的问题，因为在20世纪60年代以前，一切常识或高深的理论几乎都告诉我们：地球有磁场，磁场有南北极，南北极的位置是固定不变的，这些似乎都成了定论。然而，地球南北极磁场会调换位置的问题，已使一些科学家困惑了半个多世纪，直到20世纪60年代中期，这一问题才得到了肯定的回答。

地球磁场

早在1916年，法国的古地磁学家布容发现古老岩石的化石磁场（古地磁场所造成的岩石的永久磁性）所指示的磁场方向相反。后来，又有一系列的类似发现。这使得许多地磁学家大惑不解，但是那时几乎没有人敢于设想地磁南北极会互换位置。多数科学家都把主要精力放在研究岩石冷却时是怎样获得磁性的，以及在这个过程中是否有可能产生与外界磁性相反的磁场。到了20世纪50年代，科学家们又发现了一些类似的特殊矿场，这就迫使古地磁学家寻求新的解释方法。于是，开始出现了地磁场南北极曾互易位置的大胆假设。

当循着这一似乎异想天开的假设去研究这个问题时，结果却出乎意外的令人满意。20世纪60年代初，科学家们对美国加利福尼亚和夏威夷的火山岩同时进行了大量的古地磁和同位素年龄的测量。其结果表明：如果地磁场方向有可能倒转的话，那么这种现象在地质史上就一定发生过多次。当然，上述的地磁资料在整个浩如烟海的古地磁资料中，犹如凤毛麟角。要推翻人们几千年形成的对地磁场的见解，还显得过于薄弱。

1955～1965 年的 10 年间，科学家对大西洋和太平洋的洋底进行了较大面积的航磁测量，其结果更加明白无误地表明，地球磁场的南北极在地质时期曾多次互换位置。在最近的 400 多年中，至少有两个时期与我们现今的磁场方向相反。

地磁极为什么会倒转，这个问题仍是对今天科学家们的挑战。

## 地球的结局究竟会怎样

地球是太阳系中的一颗行星，也是我们人类赖以生存的家园。对于地球的历史，以我们人类所能找到的证据只能推测它大约诞生于 46 亿年前，在这漫长的岁月中，地球不断发展变化，逐渐形成了今天的模样。若问地球将会有怎样的归宿？我们也只能进行推测，而推测的结果也是各不相同的。

地　球

第一个试图不靠神学去详细研究地球的过去和可能会有的未来的人，是苏格兰的地质学家赫顿。他在 1789 年，发表了第一本现代地质学著作，他在书中承认自己在研究地球本身的过程中，并没有能够看出它开始和终结的迹象。于是许多人都认为：地球一旦形成，如果任它作为表面覆盖着一层水和空气的金属和岩石集体存在的话，它就会这样存在下去，直至永远。

后来，人们的研究又进了一步，开始考虑到外来因素对地球的干扰。

人们首先想到的是太阳，它离地球最近，并且有足够大的能量来左右地球。在过去的几十亿年中，太阳维持着目前的活动水平，因而地球基本没有变化。但太阳会永远维持现状吗？一旦它发生变化，会给地球带来什么影响呢？

20世纪30年代之前，人们觉得太阳的能量终有一天会耗尽，终会渐渐冷却，由耀眼的白色冷却成橙色，再变成红色，最后变成一个光能枯竭的黑暗星体。这一变化也会使地球由于得不到足够的太阳能量而慢慢冷却，越来越多的水冻结起来；冰天雪地的南北两极不断扩展，直至赤道地区也变得天寒地冻；整个海洋将冻结成一块坚冰，空气也会液化，随后还会冻结成固体。在此之后，没有生命存在的冰冻的地球仍会履行它作为太阳行星的职责，而乐此不疲地旋转若干年。

但是，到了30年代，核物理学家第一次揣摩出在太阳和其他恒星中所发生的核反应。因而推测出，太阳的能量来自于它上面的核反应，太阳的一生将度过引力收缩阶段、主序星阶段、红巨星阶段以及致密星阶段。其中主序星阶段是太阳的稳定时期，我们目前正处于这一阶段，而且刚刚度过了一半时间。但接下来便是太阳变成红巨星的阶段，那时大部分氢燃料消耗尽，其他核反应就会发生，使太阳变热膨大。在这种情况下，地球的末日就到了，它会被烤成灰烬，最后又挥发掉。当然这是几十亿年以后的事。

除了太阳之外，目前科学家还在寻找影响地球寿命的其他因素。

有的科学家认为：太阳可能有一个兄弟——太阳的伴星，这颗伴星日夜不停地绕日运行，每隔2600万年，就会转到离太阳最近的地方来“兴风作浪”，它的强大引力会引起众多彗星的大扰动，有10亿颗彗星将在太阳系内横冲直撞，地球和其他行星都将成为这些彗星的“靶子”。如果与地球相撞的彗星的质量足够大，那后果真不堪设想：轻者生物灭绝，生态剧变；重者山崩地裂，地球“粉身碎骨”。这种类似的灾变是有案可稽的。



科学家们还发现：在过去的2.5亿年间，生物发生过多次灭绝，其间隔恰好是2600万年。例如：9100万年前、6500万年前、3800万年前，以及1100万年前，分别发生的大灾变，使75%以上的生物在劫难逃，恐龙就是在6500万年前灭绝的。当然，这颗可能会给地球带来不测的太阳伴星还没有被人们发现。但是，许多科学家是相信它的存在的。

地球究竟将受到来自空间哪一方的打击而遭毁灭？地球何时寿终正寝？这些，现在还都是悬而未决的疑案。

# 地球空气究竟来源于何处

空气、阳光、水被称为生命的三要素，但是在这三要素中，空气对我们人类来说是更为重要的。人在没有阳光照射时会活很长时间，没有水，人也可以生存5～10天，然而没有空气，人只能活几分钟甚至更短。其实我们呼吸空气只是呼吸空气中的那一部分氧气，氧气是生命活动的根本，氧气从呼吸道进人体内通过血氧交换到达全身各部，使机体组织细胞能够新陈代谢，进行着正常的生理活动。

氧气在空气中以体积计算约占21%，以重量计算约占23%。空气中含量最多的是氮气，按上述两个方面计算分别占78%和75.5%，另外空气中还有水蒸气、二氧化碳、氩、氖等气体。空气在标准状态下每升重约1.29克，随着距离地面越高空气则越稀薄。

地球上的空气

但是，空气最早是怎么形成的呢？

根据天文学家推测：行星是由一些巨大的气体和尘埃旋转而形成的，而构成这些气体尘埃的各种元素的比例，一般等于它们在宇宙中所占的百分比。在地球形成之前与其他行星一样，其构成约有90%是氢原子，9%是氦，其余是极少量的氖、氧、碳等元素。地球的尘埃在高速旋转中逐渐靠拢形成一个核心，这就是地核的雏形，在构成之中一些气体也被笼绕在圆体形成物中间，当这些堆积物越来越大，随之其内部的压力越来越高，因而最后造成火山喷发，这些被裹在地表以下的气体则喷发出来，其中的氢不是被燃烧，就是由于其密度太小，而迅速脱离地球逃逸了。氖、氦也同氢一样消失了。而剩下来的气体不是由于密度较大，就是由于水蒸气的凝结而来不及逃逸的，这就形成了大气，它包绕了地球的表面。这些剩余的气体有水蒸气、氨、甲烷和少量的氩。水蒸气冷凝后便落到地球表面，于是就形成了海洋。

这些大气由于太阳紫外线的辐射，其中水蒸气又分解成氧和氢，氢又逃逸掉了，于是仅剩下氧，氧与氨化合生成氮和水，与甲烷化合生成二氧化碳和水，这就是地球在几百亿年生命开始之前的大气。氮和氧作为生命的始动物质，为生命的诞生和孕育做出了极为突出的贡献。

随着生命在偶然的情况下出现，以及在臭氧层形成保护层之下，生命的光合作用开始进行，于是大气中的二氧化碳被吸收，同时释放出氧气，地球才真正地走向了能够孕育生命和利于生命生长的正常轨道，这些大约距今有五亿年了。我们今天所生活在这种被称之为空气的大气中，当然也是一个偶然的机会了。

以上所说的这一切只是我们根据对于其他星球观测到的现象而对地球大气形成的一种推理。至于为什么众多的比地球还古老的星球最终并未产生生命，是不是与大气的构成有关，我们目前尚无法回答。同样对于我们地球本身的这种大气形成机理，也没有敢说就是如此之明确，因而，空气的形成对于我们来说就不仅仅是千古之谜了。

## 撒哈拉沙漠曾经是大草原吗



世界第一大沙漠——撒哈拉沙漠面积达 800 多万平方千米，地跨埃及、苏丹、利比亚等国，直抵大西洋岸边。该地区常年滴雨不下，最高温度可达 58℃，最低温度则为 -15℃。由于气温忽冷忽热，致使该地区的气候极其恶劣。目前，据测算这个可怕的沙漠正以每天 27 米的速度向南移动，而有的地区，每天速度则高达 107 米。自从人类有文字记载以来，撒哈拉地区一直是个沙漠地区。在阿拉伯语中，“撒哈拉”与“大荒漠”的意思是等同的。

有些地质学家、地理学家认为：在几千年以前，撒哈拉沙漠地区是一片草木茂盛、雨量充足的草原。早在 1850 年就有人在阿尔及利亚东部的撒哈拉沙漠中，发现岩壁上刻有鸵鸟、水牛以及一些人物画像，而没有骆驼

撒哈拉沙漠



等沙漠中存在的动植物。1933年法国人将这些发现公布于世，这才引起了广大科学家的注意。接着，他们对撒哈拉沙漠地区做了进一步的科学考察。他们在恩阿哲尔高原上发现千米长的壁画，这些壁画五颜六色、色彩雅致，各种色彩交相辉映，生动地描绘了史前撒哈拉地区的民族生活场景、宗教仪式和恢弘的战争场面。

1956年，亨利·罗特带领法国的探险队对撒哈拉沙漠地区进行了大规模的探险活动。经过长时间的努力，他们克服了各种令人无法想象的困难，大约发现了1万多件壁画。他们为了让世人领略撒哈拉沙漠的艺术瑰宝，在1957年将总面积达10776.4平方米的壁画复制品和照片带回了巴黎。这些艺术瑰宝在欧洲巡回展出，轰动了整个世界。地质学家和地理学家对这些壁画进行了科学的分析、研究。他们认为：在几千年以前，撒哈拉地区曾是草原，村民们在此进行原始的狩猎生活，到了公元前4000年，当地的居民已经学会了饲养牲畜。随着历史的发展，住在这里的人们已懂得制造盾、矛、战车。人们为了生存，相互之间进行了残酷的掠夺战争。在亨利·罗特发现的壁画中有这样一幅画：为了争夺食物、财产，人们手持木制的弓箭，身穿灰色的布衣，头戴着小帽子，而有的人则穿着华丽的衣服，头戴花色的头巾，在指挥战争。另外还有一幅画：在一个村落里，第一座房子是空的，也许是村子的主人居住的；其他的房子前面各有一个女人怀抱着孩子，从她们翘首企盼的表情中，可以看出是在盼望着丈夫的归来。这幅画描写了一幅典型的小农经济社会生活的场景。

除恩阿哲尔山区外，在利比亚、阿尔及利亚、尼日尔、马里、乍得等地也发现了不少壁画。其中学者们在诸多的壁画中发现了这样的一个现象：壁画中的放牛人与现在撒哈拉沙漠南部地区的呼鲁贝族人的体质特征极为相似，尤其是一些生活方式、服装样式、房屋结构。所以有些学者做出这样的结论：呼鲁贝人在撒哈拉地区还是草原的时候，他们从尼罗河上游来到了撒哈拉沙漠的南部地区，并在此生活了下来，后来由于气候的原因，他们在公元前4000多年开始迁移到尼日尔河畔，并一直生活到现在。

此外，在1933年，探险家们在利比亚的费然山等地发现了大量的马拉战车的壁画，数量极其可观。壁画中的战马四蹄奔放、气象恢弘。据此，他们认为既然有大量的战马肯定会有马得以生存的客观条件。而草和水，则是必不可少的条件，而这也正是学者们认为撒哈拉地区曾是草原的有利证据。而且，他们认为撒哈拉地区曾是草原的间接证据是：通过对大量的壁画进行研究发现，骆驼在壁画中出现的次数极其少，而且即使是有骆驼的壁画也都是后期的作品。

考古学者认为：非洲从公元前8000年至公元前2000年是寒武纪潮湿期，在那时撒哈拉地区生长着热带草原植物，这样的自然环境利于狩猎等游牧生活。大量描绘游牧生活的壁画也证明了这一点。

也有的科学家对此说法提出了质疑。他们认为：在人类有文字记载的历史上，从来没有发现曾有过记载撒哈拉地区是草原的文字，而且这些壁画的真实性也是值得怀疑的，也许是长期居住在沙漠地区的人们渴望生活在草原上的游牧生活，所以他们雕刻了大量的壁画来反映他们的心声。而且如果认为撒哈拉地区曾是草原，那么到底是什么原因使肥沃的草原变成了荒凉的沙漠、戈壁。也有学者提出这样的观点：这些壁画描绘的是古罗马帝国的军队征服撒哈拉地区时，因思乡心切，于是在岩石上到处雕刻，来反映他们故乡的美好生活，以此表达思乡的心情。

撒哈拉地区在史前社会到底是草原抑或是沙漠？至今，还没有一个明确的答案，相信随着考古学和科学技术的不断发展，这个问题一定会有一个令人信服的答案。

# 极地也会有火山吗

这座冰火相伴的山峰，矗立在地球上人迹罕至的大洲上。埃里伯斯火山是南极洲的灯塔和路标，在午夜太阳的照耀下，笼罩着玫瑰红与松石绿的光晕，喷出的蒸汽远飘数里，飘过冰封的罗斯岛上空。山下有美国人建立的麦克默多站，不远处有几间小屋，是当年斯科特、沙克尔顿所率领的探险队住宿处。小屋现已破旧，陈设仍保留原样。罐头食物、留声机都放在原来地方，在严寒中保存完好。20 世纪初期的探险家简直把埃里伯斯火山视为“良师益友”，一次次外出勘察地形或做科学考察，都有赖埃里伯斯火山引导返回营地。

火　山

特罗尔火山和埃里伯斯火山是地球上已知区域最南端的两座火山。一听“特罗尔”和“埃里伯斯”这两个名字，好像颇有含义，尤其是“埃里伯斯”在希腊文中意指阴冥。其实这是罗斯上校麾下两艘船的名字。1841 年 1 月，他指挥这两艘船穿过浮冰，寻找磁南极。

罗斯率领的探险队向南推进。一天早晨，看见一座雄伟的山峰峰顶有东西飘扬，起初以为是雪花随风乱舞。细看原来是一座火山正在喷发，喷出大量火和蒸汽。在万里冰原中有此景象，实在令人惊讶。罗斯上校以船名把这座火山命名为埃里伯斯；以另一船名命名附近一座较小的休眠火山为特罗尔。

罗斯上校始终找不到磁南极。南下的路被冰架阻挡，此冰架大如法国，后来命名为罗斯冰架。虽找不到磁南极，但此行已是了不起的成就。

1901 ~ 1904 年，斯科特率领一支探险队又来到这里。直到 1907 ~ 1909 年，沙克尔顿在此寻找磁南极和地南极。

登山时环境恶劣，山坡的蓝色冰层近乎垂直，上覆薄雪，气温零下 33°C，空气稀薄，呼吸困难，他们登山经验又不足，一名队员的脚冻伤了，然而最后终于登上了峰顶。峰顶地形奇特，4 个火山口一个叠一个，地面散布完整的长石晶体，大多竖立，状如鬼怪，似在迎接他们。他们起初大惑不解，后来发现地面有好些喷气孔，喷出蒸汽柱，蒸汽喷出不久就冷凝，冻成这些形状。那个活火山口深 275 米，喷出一团团含硫烟雾，把熔岩像炮弹似的射上半空。

1978 年，在南极新西兰斯科特站工作的野外求生专家蒙提斯报道说："数十枚熔岩飞弹一边打转，一边在我们头面高处盘旋，像电影里的慢镜头。有些飞弹'轰隆'一声从天空坠落，其他自我们中间飞过，有的快，有的慢。大多数如茶壶，少数比茶壶大得多……纷纷落在主火山口中，融掉积雪，激起热水和蒸汽嘶嘶喷上半空。"

尽管埃里伯斯火山的喷发景象令人胆战心惊，但 1975 年以前从没有人受到伤害。1979 年 11 月，一架新西兰飞机载游客飞到火山边观光，遇上喷发，257 名乘客与机员全部罹难。他们主要死于"乳白天空"现象，那是极地一种极其危险的大气光象：大地与天空呈现一片均匀的白色辉光，云和地平线难以分辨，无法辨认方向和景物。出事飞机的残骸仍散布在冰雪中，提醒大家南极洲虽然美丽多姿，但也很危险。

## 火山为何会喷发

1943 年 2 月 20 日，墨西哥一名农夫看见田地开裂，并冒出气体和尘埃。入夜，裂缝喷发。翌日早晨，已形成一座高 9 米的火山锥，喷出大量火山灰和石块。新生的火山锥不断增大增高，到年底，高达 300 米，掩埋了附近的帕里库廷村。其后，熔岩从山坡漫出，吞没了 10 公里外一个小镇。这座火山危患 9 年后沉寂下来，未再喷发。此山名为帕里库廷火山，是首座几乎自诞生时即受科学家研究的火山。一般火山的活跃期可长达数百万年，这座火山的活跃期却特别短，显得很不寻常，不过由于地处火山带，可能随时再度活跃起来。

极地火山

活火山是地球上最慑人的自然奇观。地壳深处，甚至在地幔处的熔岩，挤上裂缝，通过地面口子喷出来，就形成活火山。火山的形状因熔岩成分而异。地幔熔岩较稀，流淌铺开，冷凝成岩层，岩层相叠，形成坡度平缓的盾火山。地壳熔岩较稠，形成高耸的锥状火山，例如富士山。全球共有 1300 座活火山，大多位于板块边缘。

火山也可在板块中部诞生。地幔中有些热点，温度比四周高，热点之上就有可能形成火山。夏威夷群岛是最佳例子。这些岛屿是太平洋板块在热点上移动形成的一串巨大盾火山。

世界最大的活火山，是夏威夷岛的冒纳罗亚火山，刚移离热点。其东南方的基拉韦亚火山，正位于热点之上。因此，冒纳罗亚火山渐趋沉静，基拉韦亚火山则更趋活跃；其他岛屿是较老的火山，随板块移动离开热点渐远。

夏威夷群岛的火山都由玄武岩构成。玄武岩是最普遍的一种火山岩，由地幔上层物质构成，颜色黯黑，质地坚硬。夏威夷岛的熔岩就是这种稀淌熔岩，不断从地底流出，冷凝而成火山。炽热的玄武熔岩呈橘色，流速每小时达 100 公里。熔岩小部分从峰顶的主火山口喷出，大多则从山坡的长裂缝涌出。

有时候，熔岩流表面冷却凝固，里头却仍旧灼热，继续流淌。喷发停止后，地下就留下长长的中空管道，称为熔岩管。再次喷发时，地面熔岩或会流进这些地下管道，稍后再冒出地面。

夏威夷的玄武岩，因冷凝方式不同分为两种：一种称为绳状火山岩，有的表面因冷却绷紧而变得光滑；有的表面则扭曲成绳状。另一种称为块状火山岩。表层较厚部分冷却后，下面炽热熔岩继续流动，把表层撕裂掰开，形成崎岖不平的松散岩石。

分隔洋底板块的山岭上，有不少火山，长久以来静静地喷出熔岩，不为人见。熔岩涌出后，迅即被海水冷却，表层硬化，形成足球大小的圆球，堆叠起来，称为枕状熔岩。

火 山

少数深海火山非常雄伟，山巅露出水面，形成岛屿。冰岛即为大西洋海岭上一列火山形成的。

1963 年，一个岛屿在冰岛附近形成，名为瑟特塞岛。熔岩使海水沸腾气化，小岛在漫天蒸汽和气体中诞生，揭示驱使地壳移动的热能何等巨大。随着洋底扩展，瑟特塞岛将移到中大西洋海岭的一旁，最后会熄灭，受海浪侵蚀，变成海底平顶山。同样，夏威夷群岛受太平洋海浪冲蚀，终有一天会消失于海面上，变为海底平顶山。

太平洋板块的边缘潜没到大陆板块下面，熔岩上涌，在俯冲带上形成火山。太平洋沿岸因此遍布火山，称为太平洋火圈。大陆地壳边缘受拉向下，因高热而熔化，产生大量火山灰、熔岩、蒸汽和气体，使这些火山极为活跃。

火圈中的火山大多是锥状火山，中央有一竖向火山筒，山侧可能有几道次生裂缝。喷出的熔岩，比洋底火山喷出的玄武熔岩稠得多，原因是熔融的大陆地壳含有大量硅质。夏威夷岛那种流动很快的熔岩，来自熔融地幔和洋底地壳，硅质较少。太平洋火圈的火山呈锥状，是由于熔岩黏稠度高，而且有大量火山灰和其他爆炸出来的物质堆积在火山口外。

世界最高的火山，是火圈内安第斯山脉的奥霍斯德尔萨拉多山，耸立于阿根廷与智利边界，海拔 6887 米。

火圈中的火山比洋底火山活跃，原因是熔岩稠厚，蒸汽不能逸出，就像香槟酒的气泡。可能爆炸造成多孔的浮石。有些火山沉睡多年，冷却了的熔岩像瓶塞一样，堵住火山颈，阻止下面的熔岩和气体喷出。若内部熔岩越积越多，压力不断增加，甚而使山坡鼓起。最后压力太大，造成猛烈的爆炸，整座山可能炸得粉碎。

1980 年 5 月 18 日，美国华盛顿州圣海伦斯火山爆发，山顶和一侧山坡炸开，破坏面积甚广。大团火山灰、气体和蒸汽升到 250 公里上空。

1815 年 4 月，印尼坦博拉火山喷发，把 165 立方公里的石块和熔岩抛到半空，夺去 9 万条人命。喷发后的火山口直径达 11 公里。

1883 年 8 月 27 日，喀拉喀托岛上火山爆发，当时公认为是历史上最猛烈的爆炸。其造成 300 座村落被毁，36 000 人死亡；160 公里外的房屋裂开；4800 公里外闻得巨响；冲击波环绕地球七圈。

火山爆发

1883 年初，喀拉喀托仍是巽他海峡上一个普通的火山岛，地处爪哇和荷属东印度群岛（今印度尼西亚）之间。一般居民对岛上的大火山没有戒心。火山高 820 公尺，自 1680 年喷发后，再无活跃迹象。殊料 1883 年 5 月 20 日，火山锥突然恢复生机，把炽热的火山灰喷上半空。这次喷发很快结束。随后的夏季中，不时有小规模的喷发。由于类似的火山活动在那一带并不罕见，居民大多不以为然。到 8 月，地下却传出隆隆响声。

8 月 26 日下午一时，震耳欲聋的声音响彻全岛。一小时后一团直径 27

公里的黑色火山灰高悬半空，居民纷纷往海上逃生。一名循海路逃过大难的英国人忆述："可怜的人们以为世界末日降临，像羊群般聚集起来，同声哭号，场面凄惨。"

翌晨，火山猛烈爆发，把整个岛炸开，2/3 土地灰飞烟灭，19 立方公里岩石变为微尘，喷上 55 公里高空，直径 280 公里的范围一片漆黑。160 公里外，爪哇北部的居民听到爆炸巨响；远在西面约 4800 公里外，印度洋罗德里格斯岛的居民听到响声，以为某处展开激烈海战。

整个岛只剩下一个巨大火山口，直径 6 公里，位于海平面下约 275 米处。火山口注满海水，引发海啸，巨浪高 40 米，以 1100 公里时速往外冲，几及音速。海水壁立如堵，淹没邻近小岛；连夏威夷和美国加州南部都感觉得到海啸的威力。8 月 28 日，爆发平息，其后仍间歇有小规模火山活动，至翌年 2 月才完全沉寂。

此次爆发导致火山锥喷出来的浮岩在附近海面漂浮，阻碍航道数天之久。其后数月，仍有浮岩在印度洋上漂流。火山灰在大气中循环飘散逾一年，期间全球可见反常的落日光辉。在某些地方，火山灰使太阳和月亮变为蓝色或绿色，使大气温度降低。

地壳构造板块相撞处，火山活动总是十分激烈。印澳板块和欧亚板块相遇处，即爪哇和苏门答腊一带，至少屹立着一百座火山，喀拉喀托只是其中一座。1927 年 12 月，喀拉喀托再次活跃起来，在海平面下产生一个新的小岛。25 年后，其猛烈爆发导致该岛上升，称为小喀拉喀托火山岛。终有一天，这座新生海岛的命运会跟其母岛相同。

有人根据喀拉喀托爆发初期的照片，做成蚀刻画，显示该岛被毁前的样子：一个满布热带植物的偏远海岛。爆发沉寂后，该岛只余一些小岩屿，生物全埋在火山灰里。5 年后，才再有动植物生长起来。

巽他海峡上不断有海岛消失后又重生，1883 年喀拉喀托爆发，不过是这几个循环的一节而已。100 多万年前，火成岩、火山渣、火山灰层层相叠，构成锥状山峰，总高度约为 2100 米，其中约 300 米在海平面以下。其后由于火山活动（据爪哇文《列王纪》记载，时为公元 416 年），山巅被毁，呈碗形陷落，称为破火山口。破火山口部分凸出海平面，形成加拉达、加拉达客西、塞东等小岛。

# 沙粒为何会唱歌

现在科学家正在竭力解答一个难解之谜——“鸣沙”现象。过去10年间，英国泰因河上的新堡大学，对沙和沙滩的“鸣唱”“低吟”“厉叫”“轰鸣”“铃响”“嗡嗡声”及“尖叫声”，做过广泛实地调查及实验室研究。长久以来，鸣沙一直使人类感到困惑，这些研究工作就是想找出其成因。

鸣 沙

鸣沙出现于地球表面几个相隔很远的地区。其中最著名的，在苏格兰西岸对开内海布里地群岛中的爱格岛上。19世纪英国地质学家迷勒（1802—1856），在他的《碧线号巡游记》一书中，生动地描述爱格岛的沙说：“我用脚斜踏了它一下……沙发出尖锐响亮的声音……有点像食指在拉紧的线弦上弹了一下……每隔上一步，尖锐的声音就会重复。同伴也加入一起踏，我们就好像在音乐会演奏一样……我们向前行时……沙面上不断发出鸣鸣的声响，周围静寂时，二三十码外也听得见。”

声音响亮的鸣沙在世界各地许多沙滩及沙漠上都有，包括美国大陆上的长岛及马萨诸塞湾；夏威夷群岛；威尔士西岸；英国的诺森伯兰海岸；丹麦的波恩贺尔姆岛；波兰的科尔堡；澳洲几个地方，包括新南威尔士海岸；巴西；智利；以及亚洲、非洲、中东几个沙漠。

人在鸣沙上行走，脚会深陷沙中，因为沙粒很松散。数以百万计的沙粒，表面非常光滑，造成一阵连续的振动，发出悠长的声音，好像音乐。

19 世纪许多科学家对越来越神秘的鸣沙现象感到百思不解，达尔文就是其中一位。他在《博物学家环游世界记》一书中，记下 1832 年 4 月 19 日的日记说：“离开索西哥（巴西里约热内卢附近）后……我们沿来路折回。这使人非常疲劳，因为那条路通常要横过一个耀眼、酷热的多沙平原，距离海岸不远。我发现马蹄每次踏在硅质的细沙上，就会发出一种柔和的吱吱声。”

3 年之后，达尔文又报告在智利科帕坡谷有鸣沙。“我在城中逗留时，听到几位居民谈及附近有座山，名叫巴拉马多，意思是轰鸣者或吼叫者……据我所知，山上布满沙，有人爬上去扰动沙层时，才会发出声音。”

1000 多年来鸣沙现象散见于各种著作里，《天方夜谭》曾提及，而中国古代史书也提到亚洲中部戈壁沙漠上出现鸣沙。马可·波罗讲述，他曾听见在亚洲沙漠上空传来仙乐鼓声。

鸣沙现象也可以解释塞奈半岛某处埋有一所寺院的古老传说。相传有一所寺院被庞大的沙丘掩埋，但寺院的群钟依旧发出悠长的音调，路经沙漠的游牧民族及其他旅客，有时会听见这种钟声。据说旅客所骑的骆驼来到这座神秘山丘，听见地下发出的音乐就会受惊。

约 200 年前，许多欧洲人到塞奈山朝圣后带回来的故事，似乎都证实有那么一座埋没了的寺院。他们也曾在沙漠某处，听见悠长稳定的钟声。这种声音好像是阿拉伯僧侣拿来做钟用的悬吊金属棒被人不断急促敲击时所发出的一样。但听见声音的地方，却杳无人烟。不但没有僧侣，连人影也不见。

钟山从此成为传说。19 世纪时，许多胆敢进入塞奈这个地区的旅客，对钟声的神话解释都感到不满意。他们循声追本探源，发现了覆盖着某座山一边的沙层的特性。沙层由经常吹过半岛的强烈西风带来，落在那里。据说风势最猛烈时，那座山就发出悠长的钟声。

苏格兰博物学家布鲁斯特爵士（1781—1868）风闻这座令人困惑的钟山，就到塞奈半岛去做实地调查。他在《自然魔力信札》一书中写道：“这座钟山位于离苏黎世湾约 3 英里（1 英里 = 1.609 3 千米）的地方……那里有塞奈和何立勃两座花岗岩石峰，俯瞰一片干旱的旷野……”

布鲁斯特吩咐一名贝多因族向导爬上“音乐”山的山坡。布鲁斯特说，向导爬到相当高之后，他才看见沙层移动，滚下山来。起初，他听到的声音犹如竖琴弦线被微风吹动时发出的一样。但在沙层下泻速度增加，移动加剧后，发出的声音就比较像一根湿手指在玻璃上擦划所产生的声音。崩泻的沙层到达山脚时，回响有如远处的雷声，使布鲁斯特所坐的岩石也震动起来。

1940年，英国物理学家巴格诺尔德调查鸣沙的现象。这时才首次有人用真正科学的方法研究鸣沙。他谈及沙漠上的“鸣声”或“隆隆声”时写道：“我在埃及西南部距离有人烟的村庄约300英里的地方，听到这种声音。有两次是在寂静的晚上，突然间——响起一阵很大的隆隆声。因响声太大，我要高声呼叫，同伴才能听到我的说话。不久，它引起了其他的声响，后起的声调非常接近，可以清楚听得出一种缓慢的节拍。这种离奇的合唱响了5分钟之久才复归沉静，而地面也停止颤动。”

巴格诺尔德发现：鸣沙通常在两种普遍的地点发生——海岸上及沙漠沙丘和沙滩的滑落面上。他用“啸啸声”形容爱格岛及一般沙滩的鸣沙，而用“隆隆声”描述沙漠上的鸣沙。从测验得知，沙滩鸣沙发出的厉叫或啸叫声，频率在每秒800~1200周之间（相等于钢琴上高音c的音频）。他说：“只要在上层的干沙上迅速扰动，譬如在沙上走动、用手掌扫过或用一根棒垂直插进去等动作，都能发出声音。”

他发现用上述方法去扰动沙漠上的沙，所发出的声音频率较低，每秒132周。但是沙漠的沙在向下崩泻时，表面速度足以使它发出清晰可闻的嗡嗡声，频率约为每秒260周，甚至更高的音调，根据崩泻的速度而定。南非卡拉哈里沙漠的沙移到普勒多利亚后，因为没有沙漠环境，就会丧失它的发声特性，除非在实验之前，能把沙贮藏在密封的容器内。把沙加热到摄氏200度，也可以恢复其发声的特性。由此可见，湿度可能使一些沙漠上的沙粒失声。

最近，新堡大学几位科学家白朗、甘贝尔、琼斯及汤马士等，依循巴格诺尔德的方法继续做试验。他们先把鸣沙样本放在蒸发皿里，然后用粗头圆木棒敲打沙粒，发出“声音”。他们的报告说，用早餐的杯子及木槌的柄子也可得到同样效果。

他们发现沙粒的圆度，并非鸣沙的主要特点。但沙粒的大小划一，反而最重要，可使沙堆产生发声的特性。此外，如有尘埃，鸣沙发声就会减弱，有时甚至完全发不出声。沙粒经过琢磨，未受其他物质污染，而且大小全部相近，就会发出鸣声。如果不断加以捣碎，这类小沙粒就丧失“鸣叫”的特性，但用筛分、冲洗或煮沸等方法把细的碎屑除去，即能恢复其特性。

鸣沙究竟怎会具有发声的特性呢？新堡大学的科学家提出一套笼统的解释。他们说，有一点很明显，如要产生声音，两层或多层沙之间必须有切力运动。如果沙层单薄而又无边限，只有斜敲，才能发出声音。

在实验室里进行试验，从上向下敲击证明是产生切力运动的简便方法，但沙堆必须限于容器里面才能见效。

英国的研究人员说：在某些情况下，切力运动可以使有限量的沙滩沙或沙漠沙产生类似管风琴中空气的振动。不过，这种现象究竟是怎样发生的呢？到目前为止，还没有确切的解释，依旧是个谜。

## 海浪的威力有多大

看海浪的人都会觉得海浪很神奇，海浪有时很富诗意，有时来势险恶，不管在什么时候，总有神秘莫测之感。

一连几天无风时，空气中的一切都不动，可是海上的破碎波越来越大。波浪默默地越过大海，活像列队的象群，一个接一个滚滚前来，究竟是来自多远的地方呢？远在波浪冲上海滩以前，先是象头然后是象身为什么都要变白，最后只见一片泡沫在海面上打旋？巨浪究竟能有多大？危险性又如何？



长久以来，人类一直都难以解答这些问题。事实上，到了近几十年，海洋学家才能告诉我们，波涛怎样在大海诞生，诞生后要走很远很远，才抵达岛屿沿岸处或在大陆的边缘岸上消散。

首先要问波浪是什么？有人可能认为，波浪是在海面上移动的大片海水。绝不是这样，只要细心观察随波漂来的一片漂木就明白了。先见漂木迎着前来的波浪移前少许，随浪升高，然后又跟着小浪移前少许便落下。波浪过后，漂木仍留在原位。因此有关波浪的第一件事实是，它和海流不同。海流确实带着水前进，而波浪只是穿水而过。波浪不外是能的脉冲，

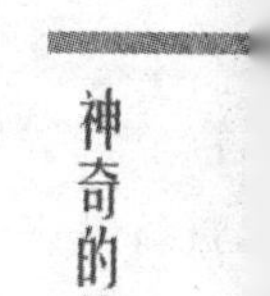

借水分子的振荡在海水中传送。

最常见的波浪，全都因风而起。海风吹入水面翻起涟漪，涟漪不断堆起。风力把它们越推越高，同时振荡也越来越深。

海　浪

请注意“越来越深”这句话。这风吹起的涌浪吸收了风的能，其中一半是在海面之下。在浅水的沿岸海底潜水的人，见得到这种能的力量：涌浪在上边的海面上经过时，水中的海藻来回摆动。英国的“长涌浪”曾把一磅重的石块，从海底冲进设在水下100英尺（1英尺=0.3048米）深处的捕龙虾用的篓里。爱尔兰西部近岸的海底一带，几百磅重的岩石常被海面的长涌浪打得像保龄球那样滚来滚去。然而使海员害怕的则是波浪的上半部，即波峰部分所传送的能。

风浪的大小，受风速、风吹的时间长短、海面阔窄等因素影响。波浪的稳定度，也就是波浪的陡度，决定于波长（前后两个波浪波峰间的距离）。一个波浪如果高度超过其波长约1/7，就要散开，形成白帽浪。在风暴中形成的波涛，高达40～60英尺的，在公海上并不罕见。更高的“滔天巨浪”，也曾有人遇到过。

1966年，“米开朗琪罗”号邮船在狂风怒号、浪高30尺的大西洋上航行时，夜里突见一个巨浪渐渐升起。据船长估计，约有60英尺高。巨浪以雷霆万钧之力打到船上，把船首3寸厚的钢板打扁，在桥楼上撞开了一个30英尺乘60英尺的大洞，冲歪了轮船内部几块舱壁的钢板，还死了3个人。

科学家解释这样的巨浪说，海是许多不同风暴形成的波浪汇集之地。在大海上任何一点看到的波浪，有遥远地区旧风暴形成的涌浪，也有在较近海域产生的涌浪。这些来自不同方向的波浪相遇时，力量不是抵消，就是加强。一个波浪的波峰，往往会吞噬另一个波浪的波谷，二者的力量就互相抵消，在湍流之中呈现一片风平浪静的景象。但是有时候，两三个甚至四个波峰会加在一起，在短短一两秒钟内重叠起来形成一个巨浪。

据可靠的记录，最大的波浪，是1933年美国海军油船“拉玛波”号在太平洋上遭受台风袭击时所遇到的。一连7天，强烈的大风暴在浩瀚无边的海洋上朝着一个方向猛吹，翻起滔天巨浪。根据慎重纪实的宣誓书和船上官员的计算，一连串巨浪排山倒海而来，一个比一个高，从80到90，到100，直到107英尺，最后看到的一个，从波谷到波峰足足有112英尺高。据目击者说：看了定会令人感到惊奇，因为我们可以想象得到，许多更大的风暴所造成的巨浪一定更大，只是没有人看见，也没有人记录下来而已。

冲上岸边海滩的波浪，一般说来，要比在海洋中的小得多。北美沿海的自记测波仪录得，约有80%的破碎波高度不到4英尺，只有冬天风暴季节的波浪才达到10英尺高。夏威夷欧胡岛的背风面，一向以有拍岸巨浪著称。在那里，能掀起20英尺的波浪，已经可以写入记录簿了。在北美北部太平洋沿岸一带，冬季的破碎波往往高达35～140英尺，世界各地最高的波浪也不过如此。

波浪能远涉重洋，渡过大海。掀起波浪的风一旦平息之后，波浪就不再与风及湍流冲撞，而变为正常状态的“海浪”——在一定的风速下，海洋所起的最大波浪。从此以后，就成了徐徐荡漾的涌浪，横过大海，向遥远的海岸涌去。此时的波浪也和涌浪一样，可把风暴产生的能传送半个地球那么远。



这个事实已由第二次世界大战以后的研究证明无误。举例来说：1949年，在北大西洋波涛汹涌的一段时间内，英国的研究人员分析了打到康瓦尔郡海岸的一连串波浪，认为那些波浪一定是4天前在3000英里以外北美海面某处的风暴产生的。他们翻查天气图，在当时当地佛罗里达州海上果然有过一个飓风。今天，太平洋的自记测波仪常常录得，推动加州滑浪人御浪滑行的力量，也许是几天前在澳洲海外形成的疾风加在海中的能。

我们观察波浪在深海水中移动的情形，就可以估计波浪移动的速度。计算波浪时，只要计算出两个波峰向前移动时相隔多少秒钟，然后用35乘这个秒数就行了。例如：两个波峰相隔10秒钟到达，那么时速就是350英里。即使是小浪冲上海滩消散，也放出大量的能。防波堤上的测力计显示：波浪往往以每平方英尺 50 吨（每平方英寸差不多 100 磅）的压力向障碍物猛击。俄勒冈海岸受到 12 月 8 级风的袭击，波涛掀起一块重 135 磅的石头，把它抛到空中，落在海拔 100 英尺的提拉木克灯塔守望人住宅的房顶上，击穿一个直径 20 英尺的大洞。在苏格兰维克，波浪从防波堤把重达 2600 吨的坚实混凝土块冲走。

波浪为什么有时在离岸很远的地方就破碎了？答案很简单。波浪中能的脉冲底部一碰到海底，整个波浪的动态就大为改变。在深海中移动的涌浪，底部能向下伸到该涌浪波长一半的深处，即是说波长 300 英尺的涌浪能碰到 150 英尺深处的海底。

站在岬角上观海的人，可以看到波浪接近海岸时形态和速度怎样改变。首先，波浪碰到海底后，速度就会放慢。接着，在继续向海滩的斜坡滚滚前进时，整个波浪就从水里高高竖起。最后，因为不能支持下去，竖起的波浪就“轰”的一声落下来化为泡沫。波长大而底部深的巨浪，在越过水下的珊瑚礁时会稍起泡沫；底部不深的短浪，在越过同一海底障碍时，却一点泡沫也没有。原因就是如此。

波涛汹涌并不一定是风暴来临的预兆。因为风暴掀起的波浪移动得比风暴中心快，如果风暴和波浪都朝同一方面移动，波浪的确会首先到达海岸，向居民报信。不过，风暴有时朝另外一个方向走。例如：大西洋的飓风常常把巨浪送往北美海岸，而本身却出海去了。

一般人相信，第三个（一说第九个，一说第十二个）波浪一定最大。这个说法并无实据。然而，波浪大小可随波型而改变。极有规律的阵波，以不同速度冲上同一海滩，几个波峰结合成一个大浪，接着步调渐乱，直到一个的波峰正好与另一个的波谷互相抵消后，波浪才又渐渐结合起来。站在海滩上观浪的人，往往能看出拍岸浪起伏的循环。

海边形成强力回卷的机会，通常并不太大。泡沫迸溅的破碎波看似一条白水冲上沙滩，其实流上沙滩的水并没有多少。等到这点水随着拍岸浪退回时，又被第二个浪打回沙滩。换句话说，回卷并不能把人冲出海去；最坏也不过是，强大的回卷力把人冲倒，使他躺卧在拍岸浪边缘的海水上。

曾有游泳者陷身在回卷里，因无法游回岸边而溺毙。这些确有真凭实据的报道又该怎样解释？有时波浪在海滩外面造成一道沙堤，把回卷回流的海水困在这条长沟里。这里的水随后会向旁游，遇到沙堤上的缺口就流返大海去。在缺口流出大海的水，事实上形成了一股强大的海流，叫作“裂流”。这股裂流一旦冲破波浪，就会流入大海消失无迹。裂流和回卷不同，主要区别是裂流很窄，大约只有10~20英尺宽。泳者只要与沙滩平行地游一短程，然后跟着拍岸浪回来就可以躲开裂流。

因此，躺在夏日沙滩上倾听拍岸涛声时，切记不可轻视波浪的威力。不错，平稳时的波浪可以是最好伴侣。如果怒涛汹涌时，在波浪中乱闯，随时可能有50吨重的海水以泰山压顶之势打下来。

## 海水为何能“粘”船

100多年前，在大西洋西北洋面上，有一艘渔船正在进行捕捞作业。渔船把网撒到海里，便拖着渔网前进。突然，船速明显降低，仿佛从沙滩上奔向大海的人一下水就走不动似的。

船员们大吃一惊，脑海里立刻闪现出一系列海怪的传说，莫非自己的船被海怪攫住了，恐怖感立刻笼罩全船。

船长命令全速前进。可是任凭机器怎么吼，螺旋桨怎么转，这船却一步也不能移动了。会不会是渔网拖住了什么东西？船长下令：“收网！”

船员们拼命地往上拉渔网。可是，越拉，大家越害怕：从来都是撒开的渔网，今天却被卷成长长的一缕，仿佛有一只巨手扯着渔网，要把渔船拖向可怕的深渊。

“弃网！”船长胆怯地下令。

船员们操起斧头，三下两下就把渔网砍断了。然而，这一切都无济于事，渔船仿佛被黏性无穷的胶水粘住了，一点儿也动弹不了。

船员们惊恐万状，有的祈祷上帝保佑，有的哀求海怪宽恕……

正当船员们绝望的时候，突然有人发现渔船开始动弹了，起先是慢慢移动，接着越来越快，终于脱离了这个令人恐怖的地方。

渔船返港了。船员们向亲人诉说着这次奇遇。可船为什么会被海水

"粘"住？他们除了解释是海怪作祟外，谁也说不清到底是怎么回事。

无独有偶，海水"粘"船的事也被挪威著名探险家南森遇到了。

自小就立志做一个北极探险者的南森，为了证实北冰洋里有一条向西的海流经过北极再流到格陵兰岛的东岸，不顾亲人的劝阻，设计制造了一条没有龙骨、没有机器的漂流船。这条船好像切成两半的椰子壳，船壁坚厚，船头上伸出一根又粗又硬的长角。南森给船命名为"弗雷姆"号，翻译成中文就是"前进"号。

海　水

1893 年 6 月 19 日，南森率船从奥斯陆港出发向北极方向驶去。8 月 29 日，当船行驶到俄国喀拉海的泰梅尔半岛沿岸时，突然走不动了，船被海水"粘"住了。顿时，船上一片混乱，有的在绝望地呻吟，有的在祈祷："死水，死亡之水呀，我们就要葬身在这里了，上帝救救我们吧！"

毕竟是探险家，南森却没有一丝惊慌的表情。他环视了海面，只见四周风平浪静，离岸也很远，不是搁浅，也没有触礁。那么，问题出在哪里呢？南森想，可能就是碰上传说中的"死水"了。他认真测量了不同深度的海水，记录下了观测的结果。

船员们对南森的行动不解，有人问："队长，你在海水里测了半天，这到底是怎么回事？海水里有海怪吗？"

南森回答道："不是海怪作祟。这'死水'的奥秘总有一天会弄明白的。"

不一会儿，海上刮起了风，"弗雷姆"号风满帆张又开始移动。船员们欢呼雀跃，庆幸自己死里逃生。

此时，南森仍在琢磨着。他发现，当船停在"死水"区不能挪动一步时，那里的海水是分层的，靠近海面是一层不深的淡水，下面才是层层的海水。他想，船被海水“粘”住的原因可能在此。

南森在寒冷的北极海洋中漂流了3年零2个月，终于弄清了北冰洋中心区的冰层和极地冷水下面，确实有大西洋流来的一条海流；同时，他还总结了浮冰的规律。

1896年8月15日，南森经历了千辛万苦之后，终于回到了挪威。他没有陶醉在一片恭维声中，而是请来了海洋学家埃克曼，共同探索“死水”的奥秘，终于弄清了其中的道理。

原来，海水的密度各处不同。一般说来，温度高的海水密度小，而温度低的海水密度大；盐度低的海水密度小，而盐度高的海水密度大。如果一个海域里有两种密度的海水同时存在，那么密度小的海水就会集聚在密度大的海水上面，使海水成层分布。这上下层之间形成一个屏障，叫“密度跃层”。这“密度跃层”有的厚达几米。这种稳定的“密度跃层”可以把海水分成两种水团，分别位于跃层的上下，并以跃层作为界面。如果有某种外力（如月亮、太阳的引潮力，风、海流的摩擦力等）作用在界面上，界面就会产生波浪。这种波浪处于海面以下，人的肉眼完全看不见，因此称之为内波。

在海岸附近，江河入海口处，常常形成“冲淡水”，盐度和密度显著降低，它们的下面如果是密度大、盐度高的海水，就会形成“密度跃层”。夏季寒冷地区海上浮冰融化了，含盐低的水层浮动在高盐高密度的海水之上时，也会形成“密度跃层”。南森遇到的就是后一种情况。



一旦上层水的厚度等于船只的吃水深度时，如果船的航速比较低，船的螺旋桨的搅动就会在“密度跃层”上产生内波，内波的运动方向同船航行方向相反，其阻力就会迅速增加，船速就会减低下来，船就像被海水“粘”住似的寸步难行。当年南森的“弗雷姆”号被“粘”住时，船速就由4.5节突然降低到1节。后来，是风的推力超过了内波的“粘”力，才使南森的船脱险。

“死水”区的内波，由于水质运动的方向不同，不但会把渔船的渔网拧成一缕，还会使船舵失灵，甚至会使船只迷航。

科学家经过计算，得出内波的速度一般在2节左右，如果航速大大超过内波速度时，海水就无法把船“粘”住了。如今舰船速度大大超过内波速度，因而海水“粘”船现象就成为了历史。

虽说“密度跃层”产生的一般性的内波“粘”不住现代舰船了，可“密度跃层”却能压住水中下潜的潜艇。

## 冰川是如何形成的

虽然见过冰川的人不多，但在许多方面，冰川对人类今后在地球上生存的重要性，不亚于海洋和空气。如果地球的气候发生了往日曾有过的现象，大为转冷，南极洲和格陵兰的冰原就会扩大，使海面降低，就会带来灾难。反之，如果这些冰原进一步融解，海水就会上涨，全世界濒海地区必然受到严重破坏。

冰　川

冰川威胁着人类，却也带给人类丰富的资源。世界上的大河，从亚马孙河到恒河，从隆河到哥伦比亚河，多半都发源于冰川。全世界约 3/4 的淡水，即约 700 万立方英里，都结成冰储存起来。据科学家估计，储存量约等于全球 66 年的雨量。

冰川是怎样产生的？简单说来，每年冬天下降的雪超过夏天融解的雪，就形成冰川。剩余的雪积聚起来，便逐渐变成冰。第一步变化是从雪片变为微小的冰晶，称为“万年雪”或“永久冰雪”。雪暴接连降落，积雪日深，精致的冰晶便会越来越紧密，而重新结晶成为近乎球形的坚硬冰粒。随着积雪逐年增加，冰块逐渐增大，并且越来越坚硬。

这种像岩石般的大冰块怎会移动？冰川学家有几个学说，彼此还在争论中，但他们大致同意冰块厚度达到 100 ~ 150 英尺时，便起变化。晶状冰在冰川深处遭受重大压力时，变为半可塑性，受到地心引力开始流动。可是，无人知道冰川在什么地方和在什么温度就会流动。科学家凿隧道深入格陵兰的冰块里面，发觉冰川与地面坚实地冻结在一起，但距地面1～30英尺的冰却在移动中。

不管真正的构因如何，大多数冰川每天只移动一英寸或一两英尺（有些冰川全不移动）。但也有打破纪录的，移动速度惊人。1966年，有一位机师在加拿大育空区飞越史提尔山时，看见一条极壮观的冰川，每小时移动两英尺——每天几达50英尺！那条冰川长22英里、宽1英里有余，有规律地向前冲行，所向披靡，一切东西都被它冲毁带走。

许多世纪以来，冰川已使地球面貌大为改观。冰川挟万钧之力冲凿地面，挖成北美洲五大湖和挪威沿海的峡湾，凿成阿尔卑斯山高耸的马特杭峰，以及掘成落基山脉那些惊险的峡谷。

冰川怎样做出这些杰作呢？冰川沿着峡谷向前移动时，一路上把两旁和谷底的大小岩石及泥土都挖了起来。岩块碎石随着冰川前进，又把下面的基岩磨蚀，使冰蚀槽扩宽加深。

上次冰期在1800年前达到最高点时，地球大约有30%陆地给许多冰原覆盖了。其中两个至今犹存，一个在格陵兰，一个在南极洲。全球约97%的冰川都在这两个地方。南极洲面积约550万平方英里，比欧洲还大。整个南极洲都给坚冰盖着，有许多地方露出阿尔卑斯山那样高的山脉，又有些地方冰原厚达12000英尺。



地球上第二大冰冠在格陵兰，占地70.8万平方英里。巨大的冰山从险峻的格陵兰高原崩裂下来，滑入汪洋，漂流数百英里之外。1912年4月14日晚上，这样的一座冰山漂在大西洋上，竟然把号称“不沉之船”的英国豪华客轮“泰坦尼克”号撞沉。

地球上其余的冰川在北美洲、南美洲、欧洲、亚洲、非洲和新西兰。这些冰川虽也可观，但比起格陵兰和南极洲的却小得多。总括起来，地球的地面目前约有10%为冰川所掩盖。

现代的冰川研究起源于瑞士科学家亚加齐的好奇心。100年前，他着手测量阿尔卑斯山高处冰川移动的实况。今天，大批冰川学家在探测各地的冰川，研究冰川进退的原因、冰川流动的构因、新冰期发生的可能性和时机，以及其他有关的问题。

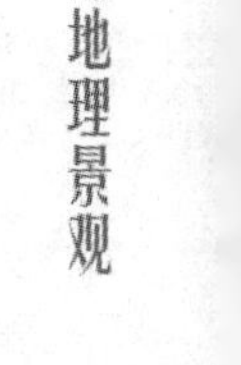

南极洲是进行冰川研究的主要地方。来自十余国的科学家利用大批新

仪器和新技术，集中在那里从事广泛的测量调查。1969 年，一队科学家和工程师在南极西部拜尔德站钻探冰原，钻到 7000 多英尺深处。他们用设计特别的旋转式钻机，取出一条连续不断的冰岩石，直径 4 英寸，可以清楚看到极地简史，从而窥见地球的过去，实在令人兴奋。

格陵兰岛

举例来说，把 2.5 万 ~10 结在冰里的氧加以分析，可研究当时地球大气的成分。在 10 000 ~ 14 000 年前的坚冰里，发现了几层火山，大概是古代一场大灾难后沉落的。在约 850 英尺深处，发现耶稣在世时期所降的雪结成的冰；在最上面的冰层里，又认出染有我们原子时代放射尘的冰。钻探人员在 7100 英尺深的冰孔下面发现水，表示压力作用加上地球本身的热力使冰融解。

科学家为什么对南极洲的冰川产生如此浓厚的兴趣呢？主持钻探工作的美国国家科学基金会说：“南极洲冰冠对世界气候有极大的影响。这个大淡水库若有任何重大变化，就会引起海面、雨量、河流和湖面的变动，因而影响人类的生存环境。”

美国地理学会的著名冰川学家费尔特说：“南极洲占有世界约 90% 冰量，事实上是一个超级的冷冻系统。假如南极冰冠全部溶解，目前各海洋的水面就可能升高 200 英尺，足以淹浸沿海地区和世界各大港口城市。”

上次冰期是怎样形成的？科学家的意见并不一致。他们确实知道，几百万年前，地球开始转冷。4 个巨大的冰原相继侵袭北半球。在欧洲，斯堪底纳维亚半岛积冰高逾 8000 英尺。冰原向南推进，掩盖了英格兰北部和德国，还向东推进，几乎到达莫斯科。在北美洲，积冰到处伸展，一直到把过半大陆掩盖了才停止。冰原厚一英尺，南边远达俄亥俄和密苏里河谷。上次冰期的冰约在 13 000 年前开始迅速消退。溶解后的水使各海洋的水面上升 400 英尺左右，达到目前的水平。

科学家对这次气候极端变化的成因，有几个假设，大家争论得很激烈。根据“太阳辐射”说，太阳辐射放出的能量有所改变，地球上的气候也随之改变。因此，在太阳辐射强度减弱的时期，地球就可能变冷，冷得足以引起一次冰期。

第二个学说也跟辐射有密切关系。这个学说认为地球大气成分中有许多原因不明的变化，例如雪层增厚，可能挡住一部分太阳辐射，地球的气温因而降低。空气污染和火山尘也会产生相似的效果。此外，在地球与太阳之间的太空凝聚的陨星碎石或其他物质，都可能产生同样影响。不管是什么原因，整个问题极为复杂，可变的因素太多，连电脑也无法处理。人类还需要一段极长的时间才能查明真相。

我们目前的处境怎样？地球上的冰川是否会大量溶解，以致海面上升，把沿海各大城市淹没？地球是不是逐渐变冷，正在进入另一次冰期呢？

美国极地研究所创办人高斯威说：“我们可能正处于一个间冰期的中间或进入其末期，这个间冰期要持续成千上万年。一两百万年来，地球上冰期与间冰期交替出现，我们可以预料这种情形会继续下去。可是大家不必担心，冰期不会很快就来。”



## 海洋会吞噬人类吗

海水总量接近3.2亿立方米，住着20万种生物。这么庞大的自然环境，谁能破坏？何必要保护？

尽管海洋之大实占整个地球表面70%，但生产能力大部分局限于包括大陆架在内的那些由海岸伸入水中的狭窄浅水海底中。既然如此，海洋环境易受损害的道理便浅显得很了。这些浅水沿岸的水域不过是海洋总面积区区一小部分，但全球需要的咸水鱼有80%由这里供应。此外，几近七成的食用鱼类与甲壳类，在生活史上都有一个重要的阶段是生活在港湾里，即海湾、受潮地、河口等地方。这些地方肥沃富饶，比大海高20倍，比麦田也高7倍。把这些区域的生物链打断，把海底无数的有机体毁掉，把大

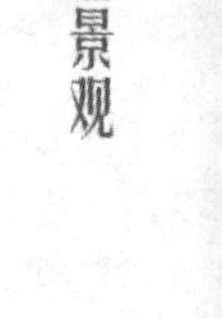

陆架的水域染污，大海上主要的渔场必遭毁灭。

目前，或因海水污染，或因滥捕滥杀，有时两者兼而有之，不少渔场已遭毁坏。人类热衷填海拓地，沿海不少重要的受潮地变成了公路、工厂、桥梁或滨海住宅区。同时，其他港湾又天天都有亿万加仑的污水与工业废料注入，毒杀鱼类，毁坏蚝床蛤床，使海湾与受潮地不适宜生物生长。

海　洋

重要的靠岸区域饱受摧残之际，外头的大洋也日受压力。比方说：在1997年内，约有6700万吨废物用船运出美国水域外，丢入大海里。废物计有垃圾、废油、疏浚挖出的泥石、工业酸类、苛性碱类、去污剂、泥浆、飞机零件、烂汽车、腐败食物等。探险家兼作家海伊达两度乘埃及纸莎草造的船横渡大西洋，途中见到塑胶瓶子、塑胶筒、油渍等垃圾，都给海流冲到大洋中心之处。清晨，船员看见污染情形，竟迟疑不愿洗濯。

美国佛罗里达州美安密海滩这个著名“阳光与海浪”的天然风景中，离岸约7000英尺的海面，有个人工留下的痕迹，给人讥为“圆形球场”。那是碧波上一大块黄褐色冒着泡沫的污渍，非常难看。这片污渍是美安密海滩与附近3个社区的下水道流出未经处理的污物所造成的。不过，截至目前，风与潮水合力把废物送回沙滩的情形还是很少见。

佛罗里达州卫生局下令美安密海滩当局处理污水，已不止10年了，当局最近才考虑采取第一项步骤：把伸入海中的排污管延长一英里。美安密大学的海洋生物学家达勃说：“加长排污管的结果，只不过让盛行风把污物吹到别处海滩而已。”

佛罗里达东南部日益繁荣，估计在20年内就会出现人口达千万的大都会。但圆形球场是个凶兆，表示佛罗里达州经济所赖的海洋与沙滩，虽然一向以为是无尽的资源，但将来必会引起很多问题。

渔人、潜水人以及其他与海洋结下不解缘的人说，美国沿海和世界各地都有相似的情况。例如：

海洋生物

纽约市的沟渠污物与泥浆，都丢在离岸不到 8 公里的大西洋中。附近捕获的鱼，肚子里会发现有香烟滤嘴、绷带或口香糖。同时，新泽西州北部有些邻近纽约港口航道的海滩，现在满地都是塑胶瓶子、焦油，以及兽尸等物。

奥斯陆峡湾与挪威沿岸的许多大港口，由于污染物大量注入，一片广大的水域已没有海洋生物了。

海水污染的情况，有 1/3 是海洋工业故意排出废料、采用某些清洁方法和意外漏油所造成。自 1964 年以来，超过 198 艘油轮在海上遇难毁损，共有 1054 人丧生，5 亿多加仑原油漏入大海染污海水。最严重的一宗发生于 1978 年，“美油加地斯”号油轮在法国布列丹尼海岸外遇难破毁，漏出原油共 6600 万加仑。

1965 年，日本水俣湾区有 5 人死于水银中毒，另有 30 人患病。中毒原因是海鱼吸收了工业污物。早在 1953 年，海洋就发出过警告，那年该地已有人患上这种病。病者逾百，死者达 43 名。

面积较小的海，情形更坏。波罗的海深处，足以致命的硫化氢含量日增。据专家说，这种物品如果大量扩散，波罗的海就要成为海洋沙漠。地中海沿岸有名的海滩中，已有数十个因污秽而封闭了。仅意大利里维耶拉的某一段，沿着海滩就有 67 条明渠排出污水，使海滩不宜游泳与玩乐。

目前海洋政策不足的，大概是海底油井爆炸与油轮折断的事件。石油污黑了海滩，弄死成千上万海鸟，并且一时不易解除对海洋生物的威胁。我们还没有好办法清理被漏出原油染污的海滩。近年来油轮越造越大，大量漏油的危险也越来越大。到 1990 年，大概有 3000 多口海底油井，使得

原油污染的危险也更大了。

早期核子试验曾有辐射尘飘落，至今从海洋任何一处取水 50 加仑，仍可验出辐射性来。英国水域曾有大量海鸟死亡，研究人员在死鸟体内发现了大量制造油漆与塑胶用的毒性化学物。全球各地普遍使用有毒而效力持久的杀虫剂，对许多处食鱼鸟和食肉鸟危害甚大，更有证据证明这些杀虫剂还能杀害浮游植物——海洋生物链中最基本的食料。

我们不得不做这样的结论：现在如不采取明智果断的行动，海洋就会像今日的陆地一样，变得杂乱污秽了。届时，损失最大的还是地球上的人类。

目前虽然已经迟了，但还有希望。不过，从大规模破坏海洋转而保护海洋，是一件艰巨的工作。世界各国须共同订立一项国际海洋政策，牺牲狭隘的本身利益，以保存这个广阔的领域。海洋是我们祖先留给人类共有的财产。为了人类的前途，这件工作必须列为当务之急。这一件工作，考验我们人类的才智，考验我们做人之道，也考验我们对子孙后代的道义责任感。具体说来，我们必须采取下列主要步骤：

（1）如果办得到，就不要把废物弃入大海、大湖及河流海湾的近岸处。经过处理后起码与海水的天然性质相同的液体废物除外。

我们快要没有抛弃废物的地方了。我们现在别无他法，只能利用科技设法把废物再循环，送回经济体系中再加使用。近来世界各国在控制海洋污染方面颇有进展，这是一件令人振奋的事。

（2）为了不让陆地上随处可见的混乱与破坏情形发生在海洋中，我们在进行新的海洋建设（诸如建造朝向海面的喷射机场，或在新区钻探近海油井等）之前，须先订立严格的限制条例。

新工程的每一阶段，都要让公众知道，并与公众商量。例如决定是否应当让海洋工业及其附属装置在海上建立，或者是否让超级油轮在沿岸水域行驶等，都要征询公众的意见。

至于近岸油井，在生态环境易受影响的地区，就应停止钻探。除非有足以服人的证据表示新井无碍于海洋环境而又有可靠技术能控制漏油事件，否则应当禁止钻探任何新油井。在此之前，海中不属于任何国家的未采油藏及矿藏，都应暂不开发。

（3）在无可估价的受潮地大肆疏浚与填土，及以“改进”为名开辟沿海地带，都必须立刻停止。

有些海洋生物学家严厉指出，我们若不立即采取行动，那么海洋污染的情形就会更加恶化。50 年后，或者还不用 50 年，海洋生物大致会灭绝。这样一场浩劫的后果非常严重，因为人类一直依赖海洋资源取得食物、原料和娱乐，在最近的将来还可能向海洋求取生存空间。

## 破译深海的洪流之谜

若干世界上最大的洪流，在黑暗中静悄悄流过海床，既没有人站在岸边欣赏它们的美丽，也没有人写出赞美它们的诗歌。

海流又称洋流，是地球的循环系统，就像人体的血流循环一样，对生物影响很大。海流使旧金山有雾、挪威有不冻港、秘鲁和西非有清凉的风。如果没有海流，英国可能千里冰封，变成不毛之地。海流像一把巨犁似的，翻动海水，把海底含有丰富矿物质的养料冲上来。地球上有大量植物在海中生长，成为鱼类的主要食料。渔人每年捕鱼 5000 多万吨，供应我们这个饥饿的世界。

人类在海上航行已有很长时间，但在公元 1513 年前，还不曾想到海洋中有海流存在。庞斯·德里昂发现佛罗里达，据为西班牙领土后，那年在沿岸航行时，才注意到令人莫名其妙的现象。他的小船本来顺着大风南航，实际上却朝北倒退。他发现了那股强有力的湾流——后来证明，这条湾流比他苦苦寻找的“青春泉源”更为重要。

此后 250 年，没有人重视德里昂的发现。后来，历史上最富有研究精神的富兰克林开始提出一些问题。当时富兰克林担任美洲殖民地的邮政局长。由英国直接开来的定期邮船横越北大西洋，为什么要比普通商船慢两个星期？他提出这个问题，向新英格兰一位名叫伏尔格的捕鲸船船长请教。

伏尔格说，有一股强力的洋流横越北大西洋流向不列颠群岛。定期邮船由英国西航前来美洲殖民地，一路上要同这股洋流对抗，捕鲸船却改道避开这股洋流。富兰克林接着又问，定期邮船船长怎么会不知道有这股洋

流？伏尔格冷冰冰地答：“他们那么聪明，不会向头脑简单的美洲渔民请教。”

由于湾流来自热带海洋的暖水，绘制湾流路线图的最简单方法，是测量海水的温度。富兰克林把温度计给捕鲸船船长进行测量。结果首次绘出了湾流简图。直到今天，狡黠的船长在参加新港—百慕大游艇大赛时，仍用温度计来测出湾流所在。

过了100年，另一位出色的人物在华盛顿办公室里从事研究，开始绘制全球海流的“流型”图。他是美国海军的穆里上尉，在一次意外事件中受伤残废，闲居家中。他把航海日志本分别送给军舰、商船及渔船的船长，请求他们无论在地球上什么地方，都把每日的风向与海流动态一一记录下来。

穆里根据各船长的记录，花了多年时间，不辞辛苦地从事制图工作。海流概图终于面世。巨大的涡流，宽几千里，分别在北大西洋和北太平洋中以顺时针方向转动，在南半球则以逆时针方向转动。

在北大西洋，一条庞大的海底洪流，沿着赤道北边伸展，一路上吸取热量，后来汇成湾流，直达美国东岸，才转入大海。到了冰岛南面，一条海底山脉把这条海底洪流分开。一股流向苏格兰北部，最后在斯堪底纳维亚半岛的海岸消失；另一股沿着欧洲与非洲海岸南下，就是加那利海流。

北太平洋也有同样的涡流。黑潮沿着日本海岸向上流，朝东越过太平洋，成为向南流的加利福尼亚海流。然后折向西，成为赤道海流。

巨大的海底环形洪流，有些流速很快，每小时高达5英里；有些流量很大，每秒钟多至5000万吨。什么力量推动这些海底洪流？海水温度与密度的差别当然有影响，但主要推动力还是盛行风。海底洪流为什么会弯曲？这种偏向是由地球自转造成的。

除主要海流外，还有次要海流。阳光充足的海洋，到了晚上，海水转冷，变得较重，逐渐下沉，引起垂直海流。次表层流是另一种次要海流。冷海水较重向下沉，聚集海底，然后从两极地区流出，在洋底上向四方散去，像碟子里的糖浆一样。

两极冷水与表层流暖水相遇的地区，就有大渔场，因为海水的搅动，把含丰富矿物质的养料带上表层来。海水表层生物死亡后，沉下海底腐化，在海底集成一层肥料。海流的巨犁把这种养料翻动，使其浮上表层时，细微的海洋植物急速增长。海洋的小动物以这种小植物为食。其次，从细小的鲱鱼和沙丁鱼到体积庞大的鲨和鲸等滤食动物，都滤取水中的食物，吞食浮游生物。最后，海洋中的食肉鱼类，例如金枪鱼和鳕，又吞食小型的滤食鱼类。

在北大西洋，新芬兰大班克斯海各个渔场位于寒冷的拉布拉多海流与温暖湾流相遇的地方。在南半球，寒冷的本吉拉海流向北流到非洲西岸，亨波达海流或称秘鲁海流向北流到南美洲西岸，使这两个海洋区域都成为大渔场。非洲海岸外的渔场，鱼类极多，吸引日本的渔船队不惜环绕半个地球前往捕鱼。智利沿海岛屿以食鱼维生的鸟类，在亨波达海流上觅食。从那里的鸟粪数量可知鸟类吞食的鱼多到什么程度。在化学肥料问世以前，智利出售的天然鸟粪肥料，每年超过100万吨。

巨大的海流通常都相当稳定，但强风中会使流型改变，有时还会带来灾难。大约每十年一次，温暖海流由巴拿马湾向南推进，迫使寒冷的亨波达海流改道。平时在海水表层生活的鱼要潜入较冷的深层，浮游生物则多数死亡腐烂。食鱼鸟因此饿死的，数以百万计。风吸收了温暖的水分，变成雨，降落在不毛的秘鲁沿岸地区，能造成洪水泛滥。

海流使某些海洋区域非常富饶，也使一些海洋区域比撒哈拉还要贫瘠。百慕大东南面的马尾藻海是生物最少的水域，因为那里是巨大涡流的滞水中心，没有海流把生物所需的海底养料冲上表层。

海流很像一条输送带，把生物散布到地球70%以上的地区。西印度群岛的“海豆”，随海水漂流，时常在几千英里以外出现，到达欧洲海岸。椰子树原产于马来半岛，因为多在岸边生长，椰子跌落海中，随着海流漂浮，遍布南太平洋各地。不过，海流的最主要贡献还是散布鱼苗。据估计：鱼苗约有80%由海流传送，散到各地。

生物随着海流移栖，最奇异的是欧洲鳗鱼的长途旅行。这种鳗鱼在淡水河中生活5至8年后，到要繁殖时间开始长途远游，前往马尾藻海。不知什么原因，鳗鱼要到这个生物稀少的海中去交配产卵。

小鳗鱼出生后，立刻面临艰巨的任务。它们要游行3000英里，回到母亲从前居住的欧洲淡水河。没有海流的协助，小鳗鱼无法完成这样的旅程。甚至在海流协助下，完成这次旅行也要3年。

太平洋鲑鱼也有差不多的习性。在海中生活2~4年后，到春情发动时间便开始一次悲壮的移栖，回到原来出生的河流。雌鲑鱼在淡水河中产卵后，体力衰退，不久便死去。小鲑鱼出生后，先在较安全的淡水中逗留几个月，然后沿河而下，进入大海，一直活到成熟期。

我们对表层流虽有相当了解，但对海洋深处的情形却所知不多。海水深处一定还有对生物具有重大影响的巨大海流存在。

1952 年，美国渔猎局的克伦威尔在赤道太平洋研究金枪鱼的移栖活动时，表层流推着他的小船向西漂流，另一股力量却牵引着船旁的长钓丝向东移动。船底下的深海里，显然还有一条很大的次表层流。克伦威尔的发现，犹如现代有人发现另一条密西西比河，不同的只是现在所知的克伦威尔潜流较大。1963 年，美安密大学的海洋学家又在大西洋沿赤道地带，发现另一条逆向的次表层流。

海洋研究有一些立竿见影的实用目标。高空射流给飞机飞行提供巨大推力。因此，航空公司都想得到更多高空射流的资料。航运公司也同样希望取得海流所在与流速的正确资料。道理极为浅显。一艘油轮从墨西哥湾驶往美国东岸，如果利用湾流的推力航行，可节省燃料费一万美元。日本的散装货轮从澳洲载运铁矿和煤回日本，如果能尽量利用太平洋中的海流，也可以节省大量费用。

在世界缺粮日趋严重之际，还有个生意可能很实用。很多海流区域，因为海水无法环流，几乎了无生气。把一个封闭好的小型原子反应炉投下这些区域的海底，含丰富养料的底层海水就会暖起来，升上表层。有了这样的人工循环系统，表层的水就会富饶多产，植物首先出现，鱼类也跟着来了。

这样看来，在引人入胜的海洋中，我们还有许多有待完成的工作要做。

## 何时揭开冰期循环的原因

现在科学界正在大声疾呼，声言地球日益被二氧化碳所污染，其后果是所谓的“温室效应”，即地球有如闷在一个玻璃花房中，温度将逐渐增高，据说到21世纪初，全球平均温度可能上升2摄氏度。这意味着南北极的冰山会融化一部分，海平面将升高，一批沿海城市都将陷于汪洋之中。可是从地球的长期气候周期来看，这只不过是芝麻小事，原来地球一直处在冰期—冰间期（较暖和）—冰期的循环中，约在2万年前，地球和绝大部分陆地都被厚厚的冰层所覆盖，某些地方，冰层厚达几千米。由于大量的水囤于冰中，那时的海平面要比现在的低100多米。

南极冰

一个多世纪来，许多科学家企图解释冰期的成因，但未获圆满的解答。直至最近，研究者根据冰期循环这一现象，分析了南极和格陵兰冰帽中的气泡，揭示出冰期的大气成分与现今的大不相同，特别是饱含温室气体和尘粒，所有这些，在冷却地球中起着重要作用。

一个最有成果的研究，是苏联和法国联合开发的伏斯克钻孔。这是一项极为艰辛的工作，他们花了14年的工夫，在冰天雪地的南极洲，挖掘一个据说是世界最深的人工洞穴，并从深处取得一个长达2公里的冰芯。为何要在深处取冰，原来那里的冰层含有10多万年前的大气样品。他们在1988年把它运到法国地球物理和冰河学实验室进行研究。

伏斯托克冰芯的取得，被誉为20年来这一研究领域中最大的成就。它隐藏着有关南极和世界其他区域16万年来的气候消息。这一时间跨度十分重要，因为它覆盖了大约一个完整冰期的时间。我们现在处在一个冰期结束以后的冰间期，而这个冰芯经历了最近一个长达10万年的冰期，还有其他4个来自南极和格陵兰的大冰芯，但它们年龄都比不上前者。

在上述这些冰芯中，含有许多气泡，而这些气泡，保存了冰期的大气样品，使得科学家第一次看到了大气在冰期循环中所起的巨大作用。在研究了冰芯和深海芯后，科学家找到了一个冰期循环的模式：地球慢慢地滑入了约延续10万年的冰期，此时冰川横行，到处皆水，而后在一个短暂的冰间期中，气候转暖，我们今天正享受着这个短暂的暖期，现今的冰间期约始于1.1万年前，它将再继续上万年的时间，然后再度进入寒冷世界，这样看来，冰暖相互交替，但严寒占上风，构成了5∶1的时间比例。

那么究竟是什么原因触发了这种冷暖循环呢？大部分科学家认为，这起因于地球轨道形状的变化。人们在做了深入研究后，感到轨道效应虽是一个“最初一击”的力量，但由此引起的日照面变化，其对地球温度的影响甚微，仅0.4摄氏度，更为奇妙的是，为何冰期的时期是10万年左右？而对应的地球轨道变化中则10万年又是变化最小的一种周期。

现在科学家面临两个难题：按轨道效应，温度变化并不大，那么是通过什么放大机制，而使地球变得严寒到冰川铺地？又是什么原因，使得地球对10万年周期如此敏感？

科学家的研究从地面开始，进而转向天上，现在再一次回到地面，重新研究冰层，它是过去长期覆盖1/4大陆面积的冰期的标志。他们设想：当地球轨道发生变化，我们这颗行星上的敏感区域，首先受到日照面变化的影响。具体地说，在夏季，若加拿大北部日照减弱，那么其冬季留下的积雪将终年不化，如此般地年复一年，这个区域本来冬积夏融的冰层，现在就一年一年地扩大，最终可向南伸展直至美国纽约。这一大规模的冰川，显然成了寒冷的放大器。原先日照面变小仅限于加拿大北部，相应地变冷的地方也仅限于那一区域，可是随着冰川日益扩大，它在更大面积上反射日光，这就大大降低气温，因而十分显著地加剧了轨道效应。

大面积的厚冰层也可解释10万年周期。因为冰层变厚，它下面的大地被压得慢慢下沉，甚至在今天，我们还可以见到一个反证，如斯堪的那维亚半岛和其他一度埋于厚冰之下的区域，它们今天因释去了冰层的重负，而在缓慢地升起。由于地壳对冰的压力反应很慢，在时间上，它是一个几万年数量级的过程，一些专家提出，地质学上的惰性时间，可能将气候变化时间调节到10万年的周期上。

尽管用冰层和其他物理机制来解释冰期的过程相当成功，但最近从伏斯托克冰芯的研究揭示出，化学物质和生命物质的变化，也是这种大气候循环的重要媒剂。

科学家们发现：在大气成分变化中，二氧化碳并不是唯一的参与者，其他物质，如甲烷和硫酸盐粒子也参与，它们的密度水平与温度密切相关。在冰期中，甲烷降低而硫酸盐粒子处于峰值，从冰芯中可看到，这些尘粒在南极洲有较多积累。在众多而复杂的因素中，理清这些物质跟温度的关系后，其原因几乎不解而自明，因为它们皆属温室气体的成分，有助于加热大气，而硫酸盐粒子则相反，它具有促进云层生成的作用，进而助长云层对日光的反射，而使大气冷却。

大气中这些化学成分的变化，代表了冰期世界有关状态的信息。理论家和电脑专家合作，利用这些数据，他们在电脑上做模拟试验，十分逼真地重现了这种大气候系统的周期变化。令人感兴趣的是：大气与温度的变化，似乎默契合作，配合得十分巧妙。例如：冰间期开始时，气温即上升，温室气体的密度也增加。它们之间的关系是如此“亲密”，以致科学家碰上了一个“鸡和蛋”的问题，很难搞清谁先谁后。这一过程好像是这样的：随着日照面的变化，引起了大气成分的变化，继而全球温度发生变化，反过来看，仅最初的温度变化对大气有影响，继而大气作为一种温度放大器，发挥其作用。



科学家们相信，化学物质的变化，具有很大的意义。其中二氧化碳的变化似乎更关键，这使得人们立即想到海洋，因为大气中二氧化碳的含量仅及海洋的1/50。他们的研究也的确看到，海洋中二氧化碳的含量，与冰期中二氧化碳（密度）的起伏跟得很紧。既然海洋参与这一大气候系统，那么海洋中的生物也不甘落后。许多电脑模拟，说明了海洋生物的光合作用如何影响了气候。且在冰期开始时，海平面和海洋流都有变化，浮游生物可能大量繁殖。它们的光合作用，使得大气中的二氧化碳含量减少，从而促进了全球趋向寒冷，不仅如此，它们还有可能产生硫化物，这些分子一旦进入大气，即形成硫酸粒子，促进云层的扩大而反射更多的日光。

科学界还不能说已彻底搞清冰期循环之谜，但基本上已搞清其轮廓，传统的地球轨道效应仅是因素之一，现在可看到，它的成因要复杂得多，既有天文的，也有地质和物理的，最后生物学因素也来凑热闹。

# 地球上最大的冰架之谜

这座世界最大的冰架，面积约52万平方公里，相当于一个法国，四周冰壁陡峭，险峻非凡。1841年1月5日。一支英国海军探险队乘坐两艘特别加固的三桅木船，穿过通往南极洲的太平洋浮冰区，企图确定地球南磁极的位置。4天后，他们驶出浮冰区，一心希望前面的航道畅通无阻，不料1月11日，迎面遇见一堵硕大无比的冰壁挡住去路。

探险队长罗斯爵士惊呼道："要穿越这道冰壁犹如穿越多佛悬崖，绝无可能！"1831年，罗斯曾找到北磁极位置。之后两年，他一直寻找通往南磁极的航道，却徒劳无功。现在，这座挡住他去路的南极巨大冰架，就以他的姓氏命名。

冰　架

罗斯冰架填满南极一个巨大海湾，其面积与法国相近，位于爱德华七世半岛与罗斯岛之间，东西长约800公里，南北最宽约970公里，冰架靠海边缘高60米，接近陆地的边缘，最厚达750米。冰架宛如一个巨大的浮筏，在港湾漂浮，以每天1.5~3米的速度向海洋伸展，几条大冰川从遥远山脉流来，在冰架后部施压，增加其体积；冰架下极冷的海水，则不断冻结，增加其厚度。冰架靠近陆地处形成的裂隙，宽达几公里，待裂隙伸展割裂巨大冰块时，就形成巨大的冰山。已发现的最大冰山面积为31000平方公里。

古希腊人曾断言南半球一定有一块大陆，以平衡北半球的欧亚大陆，但长期以来，南极地区一直未被探索。

古希腊人的这种观点反映在早期的地图上，荷兰著名地图绘制家麦卡托（1512—1595）绘制的地图上，在南极附近画了一块大陆。不过，1578年德雷克爵士航海时被风暴吹到遥远的南方，并未发现任何陆地迹象。

200年后，库克船长花了3年时间（1772—1775）寻找这块大陆，越过南纬70°，还未找到踪影。但他仍确信南极附近有块大陆，它是流入南极海洋的冰川之源。

19世纪初，这一地区日益受到海豹捕猎者重视。1820年，一艘英国皇家测量船发现了南极半岛，次年就有猎人来此。19世纪末，捕鲸业取代了捕海豹业。这一地区的科学探察和捕鲸活动迅速开展起来，但布满浮冰的海洋仍是通往南极的一大障碍。

南极洲覆盖的冰原，厚度达3500米，它是世界海拔最高的大陆，一半地区高达2000米，有许多活火山，最大的是罗斯岛上的埃伯斯火山。南极还是世界上最干旱的大陆，比撒哈拉沙漠还要干燥。内陆年降雪量只有50厘米，沿海为500厘米。

南极是世界最冷的地方，可冷到使泼出去的沸水立刻结冰。

尽管冰架是南极的屏障，但探险家还是登上了南极大陆，并在那里设立了科学考察站。科学家在那里发现了许多动植物化石，证明南极洲一度是冈瓦纳古陆的一部分，他们还证实地球臭氧层的确出现了空洞。



## 火山口上的冰川之谜

冰岛的巨大冰原受到下面一座狂烈的火山燃烧影响，以令人悸动的脉搏跳动着。

在冰岛的巨大冰原瓦特那冰川上，冰块之多几乎相当于整个欧洲其他冰川的总和；它覆盖的面积差不多等于威尔士或美国新泽西州的一半。其平滑的冠部更伸展出许多条巨大的冰舌。

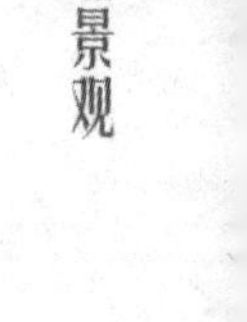

冰雪从荒漠中升起，穿过山区，形成一大片白色平原，厚逾800米，以致寸草不生。但这片冰封的荒地，正依着时缓时急的火山脉搏不断扩展、收缩和搏动。

山上的冰川

瓦特那冰川永不静止的特性，是冰岛的典型风光。冰岛的面积差不多跟英国一样大，但人口却不比一个中型市镇多，主要散居岛上狭长的海岸边；从地质学来说，冰岛是新近形成的，形成的过程还在进行中。它屹立在6400米厚的玄武岩上。过去2000万年以来，由于大陆漂移，使欧洲及北美洲慢慢背向移动，造成中大西洋海岭上一度深刻裂缝，玄武岩便是从这个“热点”涌出来的。

在上次冰河时期的200万年间，冰岛上的火山表层厚逾1600米的冰川凿开；冰期在约一万年前才告结束。冰岛的心脏地带满布火山、火山口及熔岩；1/10的土地被熔岩覆盖着，那是由200个火山爆发时所喷出来的。

当年维京人到达冰岛时（传统认为是在公元874年），土地是适宜种植农作物的。但大约从14世纪开始，冰岛的气候变得严峻，冰川侵进，海上的冰块激增。虽然到了19世纪后期气候好转，但仍有1/10的土地被冰所覆盖，使种植农作物受到限制。

冰川大约以每年800米的速率流转入较温暖的山谷中；当它在崎岖的岩床上滚动时裂开而成冰隙。冰块抵达低地时逐渐融化消失，留下由山上刮削下来的岩石和沙砾。

冰岛有一种说法：“冰川带走了什么，就归还什么。”1927年，有一个邮差帕尔斯逊在横渡布雷达梅尔克冰川上一座雪桥时，连同4匹马一起坠进冰隙里。7个月后，所有尸体露出冰面，显然是冰川上冰块的环型活动把上层的冰块卷到下面，又把下层的翻卷上去，于是尸体就给送回顶层。

猛烈的火山爆发构成了冰岛今昔的一部分。1873年，出现了近代地球上最大型的熔岩流。在火山爆发期间，位于瓦特那冰川西南边缘的拉基山，整个山岭差点裂开：绵延24公里，为数100个火山口爆开，熔岩喷射到逾520平方公里的土地上。熔岩流持续了3个月，期间整个岛屿被一层蓝色的薄雾笼罩，薄雾污染了草木，导致3/4的牲畜死亡，令接近10000人死于饥饿。

海尔加火山位于韦斯特曼纳埃亚尔（西部群鸟）15个岛屿之一的赫马岛上，一向被视为死火山，却于1973年1月23日清晨的数小时内，从约5000千年的沉睡中苏醒过来。邻近市镇边缘的地面断裂，形成长达1600米、犹如帐幔般的火焰。幸好当地的渔船队伍因风暴侵袭，早已停泊在海港内；到了中午时分，岛上5000名居民已被送往安全之地。

熔岩慢慢流至市镇的外围，推倒及烧毁了不少房屋，纵使进行过大规模的喷射海水工程，替不断涌至的熔岩降温，但到了4月，市镇东部早已被熔岩和火山灰淹没。数星期后，火山静止下来，并未彻底摧毁整个地方，反而延长了赫马岛东岸，包括形成了海港入口处的一堵全新护墙。

火山喷发的火焰与冰川移动的冰块构成瓦特那冰川变幻莫测的气氛。乘搭飞机鸟瞰冰冠，偶尔可看见蔚为奇观的景象：有一个湛蓝的湖直径3公里，湖水是由冰冠底下隆隆作响的格里姆火山融化冰块而来的；湖泊经常被冰覆盖，湖水藏在冰块下，仍然保持融化的状态。

在湖的一边，冰块有如硕大的塞子，阻碍洪水冲下山谷。然而，每年湖水升高约12米；每5~10年，湖水凝聚了足够的力量，便在冰坝下面突围而出，形成了所谓“冰川溃决”的洪流。当洪流涌至低处的平原，同时把火山泥扩散后，湖的水位便会下降多达215米。



格里姆火山是拉基断层西南的延续，属于地热活动的一部分，活动所发出的热能足以为大城市提供家居所需的暖气及电力。1983年5月29日地震仪探察到摇动整座冰川的无数次震动。据一名飞行员报告，火山越过厚厚的冰冠及水分爆发，在冰川的上空形成接近8公里的云层并融穿冰块，形成了一个火山口里面填满雪泥及浮冰。数天后，火山熄灭，冰雪又再覆盖大地。

在瓦特那冰川的南端流出冰川，斯凯达拉尔冰川溶解成一条小河，流经满布沙砾的荒地。冰川的另一端有一个融水湖，湖水的水位涨高，令冰川脱离它的底层，造成冰川崩溃，令河水有机可乘，从冰川底下一涌而出，挟带着碎石，把平原冲刷一新。布雷达梅尔克冰川位于瓦特那冰川的东面，那里有蜿蜒曲折的条状岩石，还有从高地山谷冲刮下来的泥土。冰川的末端是个泻湖。偶尔，巨大而坚硬的厚冰块从冰川分裂出来，发出水

花四溅的巨响，形成了一座座冰川漂浮在泻湖上。

冰 川

在这两条冰川之间有一个小冰冠，名为厄赖法冰川，覆盖着一座同名火山。厄赖法冰川火山的高度于欧洲排名第三，曾在14及18世纪时先后发生过两次毁灭性的爆发。现在游客沿着海岸的公路可到达一度与世隔绝的绿洲，这个绿洲安躺在厄赖法冰川的背风处。

斯卡夫塔费尔这个地区曾在冰川崩溃的毁灭性威力下幸免于难。很久以前，这里曾是一片肥沃的耕地，但现在已改为国家公园，到处是青葱的山丘、桦树、山梨及柳树，构成多姿多彩的景色。

在另一边，一道高达25米的斯瓦蒂福斯瀑布从两层火山玄武岩柱上飞泻而下，岩柱垂直地屹立着，活像风琴管。有一道沟壑通向绝佳的观景点，在夏天，游客可以于此眺望那片广阔无垠、变幻无常的风景。

初雪的阳光和风霜替冰川刻画了万千纹理，令它面目一新。在晨曦和夕阳下，冰冠犹如沐浴在火焰之中：不停移动的冰块深层里，融水形成了透明如镜的洞穴，日光渗入冰洞，幻化成不同层次的蓝色。

上百条冰川河夹杂着由高地冲下来的污秽火山泥石，从冰川鼻破裂的冰层下冲涌出来，激流的翻滚声或冰块坠落的隆隆声随时可闻。

## 西伯利亚冰原之谜

西伯利亚冰原是一片广阔的大平原，湖泊和沼泽星罗棋布，大部分地区长满了苔藓。这片冰原位于西伯利亚北部，沿北极冰盖边缘延绵3200公里，属于欧亚大陆最北部泰米尔半岛的典型景色。

20世纪80年代的一个夏天，作家和动物学家杰拉尔德与德罗尔游历了泰米尔半岛。他们记述，那里的冻土上长满了苔藓和草本植物，苔草之间夹杂着雏菊似的小花和毋忘草般细小的百合及蓝色的花。遍地都有矮柳丛，在翠绿色的苔藓中茁壮地开放着粉红的花。

冰 原

每年有三个月太阳不落。但即使在仲夏，气温也只有5℃左右。冬季则有一段时间全是漫漫长夜，不过比夏季太阳不落的时间短。这时只能看到月光，偶尔还可见到极光。冬季的气温可降至零下44℃。因而留给植物开花和结子的时间很少。这里的植物大多是多年生的，为了免遭冷风袭击，长得很矮小，生长也缓慢。

冰原的大部分下层土都是永久冻土，最厚的冻土层深达1370米。冬季，所有土壤都变成坚硬的冻土；夏季，最上层的土壤融化成薄薄的湿土，使植物能在此扎根、生长。

在最北面，湿土层只有150~300厘米厚，但是越往南，湿土层越厚，最厚可达3公尺，即使是桦树和落叶松等植物也能茂盛生长。

泰米尔半岛有许多地方是龟裂冰原，是一种由垄埂把沼泽和小湖分割成不规则蜂窝状的特殊地貌。这是由于冰冻和解冻不断循环造成地面开裂形成的。在裂缝中逐渐形成的冰楔产生强大压力，使地面凸起成垄，而解冻的泥土和融化的冰水则随之沿坡而下聚成湖沼。

在冰原上，有时可以发现早已绝种的长毛猛犸的骨骼和长牙。几世纪来，西伯利亚人从冻土中挖出猛犸的长牙卖给象牙商。

肩高4米的猛犸曾活跃在欧亚大陆北部和北美洲，其牙长达4米，约在1.2万年前灭绝。但不少猛犸的遗骸——包括完整的猛犸尸体保存在永久冻土中，主要在西伯利亚。

“猛犸”一词源于西伯利亚的鞑靼语，意思是“上”。第一具几乎完整无损的猛犸尸体是1799年由一名寻找象牙者在利纳牛岛发现的，1803年完全挖掘出来，交给科学家进行研究。

贝兰加高原是泰米尔半岛的脊梁，高约1500米。在高原的南缘，是泰米尔湖。这是北极最大的湖泊，但深度只有3米左右。春季，湖里注满融水，夏季有3/4的水流入河流，冬天全部结冰。湖岸是麝牛和驯鹿的栖息地。旅鼠则在苔藓下面打洞穴居，它们是北极狐和雪枭的主要食物。狼也在此出没，主要捕食驯鹿和麝牛。

许多动物入冬时就向南迁徙到较为温暖的地方，鸟类亦然。夏季，湖泊和小岛成了红胸雁等水鸟筑巢产卵的理想场所。在西伯利亚西部，沼泽洼地一直从鄂毕河延伸到乌拉尔山脉，稀有的西伯利亚鹤就在鄂毕河下游度过夏天。



## 石膏沙漠之谜

新墨西哥沙漠，皑皑的沙丘在阳光下闪耀生辉，犹如清新纯净的雪原。白沙名胜区的景致与众不同：一望无际的，尽是清凉的白沙，不断随风迁移改变，不断流失，又不断获得补充。　　美国新墨西哥州图拉罗萨盆地的沙漠上，白色沙子在火辣辣的艳阳下闪耀微光，犹如新雪。一般沙漠里，沙子的主要成分是石英。这里的沙粒却不是石英颗粒，而是质地较

沙　漠

软的石膏晶体微粒，即硫酸钙。由于表面水分的蒸发率高，沙粒又反射而非吸收阳光，沙丘十分清凉，跟普通沙漠迥异。白沙名胜区东起萨克拉门托山脉，西迄圣安德烈斯山脉，面积700平方公里，为世界最大的地面石膏矿藏，其颗粒即制造熟石膏的矿物。

美国西南部极其干旱，这片不同凡响的石膏沙漠，起源于约一亿年前。当时，这大片土地原为浅海。其后海水干涸，留下了一些咸水湖，最后也在骄阳下蒸发殆尽。湖水本来富含矿物，水分蒸发掉，湖床上就剩下盐和一层厚厚的石膏。

约6500万年前，萨克拉门托山脉和圣安德烈斯山脉开始形成，中间夹着图拉罗萨盆地。地壳大规模活动，陆块皱褶隆起，推高石膏层。

季候雨和融水从山区流下，溶解山坡上的石膏颗粒，成为浓度很高的溶液，冲到图拉罗萨盆地最低点，即卢塞洛湖。

湖水蒸发，留下一层层薄薄的石膏透明晶体，称为透明石膏。风化作用使晶体渐渐变为细沙，随西南盛行风飘落盆地上，堆成高耸陡峭的沙丘，不少高达15米。盛行风不仅堆起沙丘，还把沙子吹送远处，迁移距离每年可达9米。这个过程从未停息，使区内地貌不断变化，日新月异，仿佛自有其生命。

沙子不住迁移，本身又是咸性颗粒，加上雨量稀少，一般植物难以生存。这里生长的植物，如丝兰、美洲杨树等，都有很发达的根部，能深入沙层，稳住干茎。比方说，美洲杨树的根可长达30米。



基于同样原因，能在区内长居的动物不多，其中包括浅色的无耳蜥蜴、昼伏夜出的阿帕奇囊鼠。这两种动物都具有保护色，身躯跟炫目白沙浑然一体，难以发现。阿帕奇囊鼠为珍稀动物，仅见于此区。

白沙名胜区边缘，温度稍低、水分稍丰，动植物也就多起来。约500种野生动植物在此繁衍，包括多种颜色鲜艳的显花植物，诸如金黄色的臭瓜、粉红的百金花、紫色的叶子花等等。郊狼、臭鼬、更格芦鼠、穴居沙龟、美洲獾、蛇、豪猪栖息其中，夜里偶尔会来到沙丘间，在白色沙子上留下痕迹。

这个地区之美，在于瞬息万变而又终古不灭。一方面，地貌时刻随风变幻，日夕不同；另一方面，大自然不断补充流失的石膏颗粒，犹如寒冬瑞雪降在北极冰原，使之天长日久，万世永存。

# 冷热颠倒的地方

绕行于太阳的地球，以它固有的运行规律决定了一年一度的春夏秋冬如期而至。每当数九寒冬和酷热的盛夏来临之际，爱幻想的人们是多么渴望能有一个冬暖夏凉的季节呀。真是天公作美，遂人心愿，世上竟有一部分幸运的人居住在冬暖夏凉的“地方”，这“地方”就是辽宁省东部山区桓仁县境内被人们叹为观止的“地温异常带”，这条“地温异常带”一头系于浑江左岸，沙尖子满族镇政府驻地南 1.5 公里处的船营沟里；另一端系于浑江右岸，宽甸县境内的牛蹄山麓。整个“地温异常带”长约 15 公里，面积为 10.6 万平方米。

地温异常带

在这块土地上，随着夏天的到来，地下温度便逐渐开始下降。当气温高达 3 0°的盛夏时在这里地下 1 米深处，温度竟至零下 12℃，达到滴水成冰的程度。特别是船营沟任洪福家房后的一道长约 1000 米、宽约 20 米的小山冈，则更为明显。1995 年的一个夏天，任洪福的父亲任万顺，在堆砌房北头的护坡时，发现从扒开表土的岩石空隙里，冒出了刺骨的寒气。老汉感到很惊讶，于是就在这里用石块垒成了长宽不足 2 尺、深达 2 尺半的小洞。夏季里，这个小洞就变成了一个天然的冰箱，散发出阵阵寒气，这时人站在距洞口六七米远时，就会被这寒气冻得难以忍受；他们将鸡蛋放在洞口，鸡蛋都冻破了皮；将一杯糖水放入洞内，很快就被冻成冰块。

入秋后，这里的气温开始节节上升，到了朔风凛冽、隆冬降临时，这“地温异常带”上却是热气腾腾，这时在地下 1 米深的温度可达零上 17℃，任洪福家的“天然大冰箱”这时又变成了“保温箱”。人们在任家山后的山冈上看到，虽然大地已经封冻，但种在这里的角瓜，却是蔓壮叶肥，周围的小草也是绿茵茵的。任家在这里平整了一小块地，上面盖上塑料棚，在这棚里种上大葱、大蒜，大葱长得翠绿，蒜苗已割了两茬。人们经过测定发现在这棚内气温可保持 17℃，地温保持 15℃。在这小冈上整个冬春始终存不住雪。任洪福老汉充分利用这一条件，在这道土冈的护坡前盖了三间房子，利用洞口的冷气建成了小冷库。为乡亲和沙尖子镇饭店、医院、酒厂、兽医站等单位储存鱼、肉、疫苗等物品，其冷冻效果十分理想。

无独有偶，在河南林县石板岩乡西北部的太行山半山腰，有一个海拔 1500 米叫“冰冰背”的地方，也是个冬热夏凉的地方，在这里阳春三月开始结冰，冰期长达 5 个月，寒冬腊月，热气如蒸，从乱石下溢出的泉水，温暖宜人，小溪两岸奇花异草，嫩绿鲜艳。

人们知道，自然界的冷暖取决于太阳的光热，随着地球的自转，当它与太阳距离缩短时，太阳辐射给地球的热能就增加，使地球变暖、变热。反之，地球就变凉、变冷。由此形成了地球的一年四季、春夏秋冬。而这奇异的土地却打破了这一自然规律，出现了超自然的现象，它的冷热不随外界变化而变化，而有其自身的变化规律。那么，当外界变暖时它的地下为什么会是那么寒冷？外界变冷时，它又是从哪里获得的热源呢？这奇异的现象，引起了许多科研人员的注意。他们有的认为：在这种冷热反常的地带，它的地下可能有庞大的储气构造和特殊的保温层，大气对流于这特殊的地质构造之中，才导致了这奇异的现象。另有些人认为：这里的地下有寒热两条储气带同时释放气流，遇寒则热气显、遇热则冷气显。还有人则认为：这个地下庞大储气带的上面有一特殊的阀门，冬春自动开闭，从而导致这种现象的发生，这种种分析只是推论而已，究竟这地温异常带是如何形成的？这里的地质结构有什么与众不同？还有待于科学工作者经过进一步考证，才可能解开这一带“冷热颠倒”之谜。

# 岩石的形成之谜

地球上的岩石千姿百态、五彩缤纷，它们是怎样形成的呢？

自古以来，科学家们都在探索这一奥秘。科学界还有过一场激烈的争论，持不同观点的科学家互不相让，有人称这场争论为“水火之争”。

岩　石

1775 年德国的地质学家魏格纳，提出了这样的观点：花岗岩和各种金属矿物都是从原始海水中沉淀而成的。人们称他的观点为“水成派”。后来，以英国的地质学家詹姆士·赫顿为代表的一些科学家，针锋相对地提出相反意见。他们认为：花岗岩等不可能是在水里产生的，而是岩浆冷却后形成的。人们称这种观点为“火成派”。

“水成派”与“火成派”一直争论了几十年，两派之间的斗争十分激烈。现在看来，由于受当时科学水平的限制，这两派观点都带有不同程度的片面性。不过，他们的争论，使地质学又向前推进了一步。

现在，科学家们借助于先进的设备，已摸清了岩石的来龙去脉。

如果按质量计算，在地壳中，约有 3/4 的岩石是由地球内部的岩浆冷却后凝结而成的，人们称它为“岩浆岩”或者“火成岩”。花岗岩就属于岩浆岩。在地球上，目前还可以看到火山爆发后喷出的温度高达 1000℃以上的液态的岩浆，经过冷却后形成的坚硬岩石。岩浆岩在地下形成，因此它分布于地表的不多，一般都埋藏在比较深的地下。

有少数的岩石是泥沙、矿物质和生物遗体等长期沉积在江湖和海洋底下，经过长期紧压胶结，以及在地球内部热力的作用下，变成了岩石，人们称它为“沉积岩”，如砂岩、页岩和石灰岩等。沉积岩尽管所占的比例不多，可它多数分布在地表面。因此，我们平时容易见到。

岩浆岩和沉积岩形成之后，受到地壳内部的高温高压的作用，改变了性质和结构，就形成了另一种岩石——变质岩，如石英岩、大理石岩等。

岩浆岩、沉积岩、变质岩这 3 种岩石之间还可以互相转化。比如：埋在地下的变质岩可以被地壳运动推到表面，在地表面再形成新的沉积岩。因此，著名生物学家林奈说过：“坚硬的岩石不是原始的，而是时间的女儿。”

的确，岩石正是经过长期的各种条件的作用，而由其他物质转变成的。

## 流沙之谜

佛罗里达州奥奇朝比湖南部的低洼沼泽地区，满布亚热带野生生物。某个夏日早上，两位美国大学生，皮克特和斯塔尔，背着沉重的背包，跑进浓密的丛林，找寻寄生植物。他们沿着一条差不多干涸小溪的沙岸前进，皮克特走在前头，突然叫起来：“这里是软地！别过来！”

他踏上了看似干硬的沙地，但干硬的表面在他靴子下离奇地碎裂，足踝陷入沙中。他在沙中挣扎向前走了几步，想踏上硬地，但每走一步，就陷得更深，双膝已陷进像软糖似的怪沙中。

“流沙！”他叫道，“快救我！”

斯塔尔知道跳下流沙去救朋友，毫无用处，两人都会一起困在沙中，附近数里之内也没有人会来救他们。他跑进树林，看见一根倒下的长树枝。

皮克特继续挣扎，费了九牛二虎之力，终于把一条腿从可怕的陷阱中抽出来，但另一条腿却下陷至大腿间了。他周围的沙这时震动起来，活像一大碗果冻。他失去了平衡，俯伏在沙上。

斯塔尔拿着树枝跑回小溪，把树枝伸给朋友，但皮克特无法抓到。斯

塔尔大叫：“除下背包！”

流　沙

沉重的背包压着皮克特沉下沙中。背包的扣子在胸前，掩在沙下，他双手困在沙中动弹不得，无法解开来。他拼命把头昂起来，但流沙依旧迅速升到下颌。流沙升上来淹没口鼻时，他喊出最后的惨叫声。这时只见到他一双充满恐惧的眼睛。

“抓住树枝！”斯塔尔大叫道。

皮克特挣扎着想把双手从沙中抽出来，这样却使他的头下沉得更深。斯塔尔发狂似的，用一块岩石做支点，把树枝插入沙中，伸到皮克特胸膛下，拼命用力，希望把他撬起直立，可惜树枝折断了。

这时只见一只靴底和背包还在迅速下沉。斯塔尔坐在岩石上，双手掩面痛哭。再抬起头来时，什么也不见了，只留下一片看似干爽的平坦沙地。

在阿肯色州的贝尔顿附近，一队猎人沿着与奇塔河步行，穿出茂密的树林后突然停下来。一些队员呆若木鸡，因为他们见到平坦的沙地上有一个人头，双眼朝天。队员继续向前走，走了几步才恍然大悟。他们看到的是一层流沙。那个人陷入沙中，沙深及颈，结果活活饿死。

流沙一直是人类想起来就怕的东西。困死在流沙里的情形更恐怖。很多小说和电影喜欢借想象把这种令人毛骨悚然的情景大肆渲染。

实情究竟是怎样的呢？

世界上许多地方都有流沙，但对流沙的成分一直所知甚少，到近年来才多获一点知识。最流行的说法认为：流沙由圆滑的沙粒组成。这类沙与一般表面参差不齐的沙粒不同；圆沙粒像小小的滚珠轴承，滚动的时候很少有摩擦力，因此一个人或任何重物，都会在圆沙中迅速下沉。另外一种说法认为：流沙的沙粒受到黏泥或其他光滑物质的润滑，使它们受重就滑开。但没有人知道真相。

我们现在对流沙的认识，主要从第二次世界大战的一些经验得来。1944～1945 年间，盟军在进袭德国时，发觉需要多掌握一些在不稳固的地面调动军队的知识。

流沙河

1945 年盟军的一次遭遇，正好说明流沙所造成的困难。当时，一支美国补给车队在维斯马附近遭遇纳粹轰炸机袭击，带头的司机乔纳斯下士立即驾车离开大路，转入一片看似多沙的草地。他觉得自己的车子突然倾侧，就想打开车门，车门却紧得打不开。他把头探出窗外看看，不禁心惊肉跳，原来车子渐渐陷入草地，像一艘下沉的船。沙已掩至车门的一半。

乔纳斯从窗口爬上车顶。几分钟内，沙升到挡风玻璃屏。在间歇的炸弹爆炸声中，他听到一种古怪的吮吸声音，像一个人在咕嘟咕嘟地喝汤。沙升到车顶了，于是乔纳斯爬到用油布覆盖的货物上。他目瞪口呆地看着车子在他下面沉落。

最后，他跳向大路边去，跌下沙中。沙深渐及膝时，他奋力向前扑，拼命抓住路堤一排青草，幸而那排青草的根扎得很牢，可以支持他的体重，终于脱身逃出陷阱。等到空袭过后，他的车子已不见了。

美国陆军的关注，激发了好几项对流沙的科学研究。其中一项由印第安纳州德普大学地质学教授史密斯博士主持。他在大学附近一个牧场里的流沙层研究了多天。沙层在一条小溪旁，表面是一片片在池塘的黏泥上生长的绿黄色水藻。他把一块石头抛进去，沙面就起颤动，好像是活东西。

这里的沙与普通的沙怎么会不同呢？史密斯取了一桶沙回去，把样本



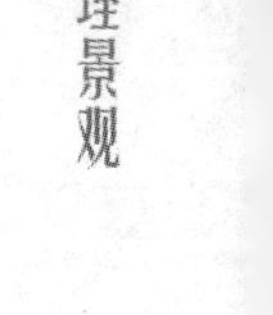

放在显微镜下研究，发现沙粒的形状，像普通的一样，各种形状都有。有些是圆的，但大多数是不规则的。这样，圆沙粒的说法自然不能成立，甚至润滑沙粒的说法似乎也站不住脚。史密斯把样本保持湿润，让水藻继续生长，但沙粒已不再是流沙了，跟沙滩上的沙同样结实。

流　沙

史密斯回到那个牧场跟场主交谈。“那东西很奇怪，”场主说，“有时候是流沙，有时候却很结实。你8月再来，可以在沙上跳舞。”

8月是干燥的月份。水会不会是其中的关键？但是史密斯博士知道，通常来说，湿沙跟干沙同样可以支持重量。他推论，可能关键不在水量而在水流。水留在沙中不动，沙不会流；不过，假如水在沙中以某种方式流动……

史密斯跟其他地质学家详细讨论之后，发现很多人都有近似的推论。为了解答这个问题，史密思与另外几位科学家造了一些实验装置，可以让水在沙中以不同的方式流动。

其中一个最复杂的装置，是西北大学奥斯特伯格教授所造。他的装置有一个大容器，盛满普通的沙，容器与数条喉管连接，水可以从上面流入，下面流出，或从下面流入，上面流出。为了使实验充分完备，还特别用塑料造了一个假人，里面注入铅粒，使它的比重大约等于真人的比重。换言之，假人能浮在水中，头部露出水面。

奥斯特伯格教授的大容器盛载的沙，如果是干的，把假人放在沙上站立或者躺卧，都不会留下很深的凹痕。水从容器顶部灌进去，假人依旧不会下沉，但是水从容器底部泵进去，穿过沙层涌出的时候，假人就下沉到脖子的位置。研究人员发现：水像泉水一样向上涌的时候，逼迫沙粒稍稍分开，使沙堆扩大。这时，沙粒部分由一层水垫支持，而不是完全靠其他的沙粒支持了。

研究人员发现：有些流沙沉物快，有些则慢。还发现沙粒越细，使它们变为流沙的水上涌越慢。假如沙粒细，上涌水流又急，就变成土壤学家所说的“超流沙”状态了。这种沙虽然表面看来像混凝土一样坚实，但人一踏足其上立刻就会下沉。水流慢，而沙粒粗的时候，便成为慢流沙。踏上去走几步，通常还能转身再走出来。

如果人在流沙中不是马上下沉，而且还可露出头来，就可能像在水中那样浮起来。液体浮力的定律，流沙也适用。物体在液体中所受的浮力，等于本身体积所排的液体的重量。同时，因为流沙比水重，所以人在流沙里比在水中更容易浮起来。

不过，没有人愿意找流沙来试验，包括教人怎样逃生的专家在内。从科学家研究流沙习性所知的事项中，最受人注意的还是它那种可杀人的潜力。

碰到流沙，人们会像小说或电影中所描述的那么恐怖。但是，世界各地大都有流沙陷阱，因此有可能在不知不觉中掉进去。如果碰到这种情况，试依照下列的守则去做：第一，不要惊慌，流沙很少取人性命。第二，快叫同伴退后。你可能需要他们的帮助。第三，把背包或其他重物丢掉。第四，身向后仰，伸开四肢有如大鹏展翅。这样就有可能会使你浮在沙上。最后，轻轻地向硬地蠕动或滚动。在怀疑有流沙的地方行走时，最好携带一根木棍，必要时可做救援之用。



## 空气是如何变“脏”的

只要人类想享受清新空气，就能办得到。因为空气污染大都已有补救办法，只待实行。世界若干城市早已开始采取管制空气污染措施，对保持市区的良好环境产生了显著效果。

最明显的例子就是钢都匹兹堡。由于烧煤的鼓风炉喷出大量煤烟，长久以来，匹兹堡一直是美国最脏的地方之一。但第二次世界大战以来，当地政府采取管制空气污染的措施，已略有小成。家庭主妇从前每星期洗一次煤烟染黑的窗帘，现在一年只要洗两次。伦敦方面，1952 年曾出现一次挟着污浊空气的浓雾，约有 4000 人丧生。10 年后，同样的恶劣空气再度出现，但死亡人数微不足道，主要归功于英国政府 10 年来严格实施空气污染管制。

钢都匹兹堡

不过，世界上环境污染十分严重的若干地区，情况虽逐渐改善，另外又有些从来没有污染问题的地区，目前正受到从远方工业区散出的污浊气体毒害。巴黎的空气变得有腐蚀性，铁皮屋顶过去可用20 年，现在只能用5 年，肺癌患者也不断增多。奥地利和意大利的美丽山谷，烟雾弥漫。罗马市内美观的松树日渐枯萎，松树针叶下面有一层空气中飘浮来的油质。此外，世界各城市的居民，肺部本应是粉红色的，现在都给污垢染成黑色了。

空气污染多数在大城市与工业区出现，但当然并不以大城市及工业区为限。大海上时常出现工厂与汽车喷出的大量污染物聚成的烟雾，来自几百英里外人烟稠密的沿海地区。工厂烟雾和汽车废气的微粒，还会进入大气层向上飘行数英里。人类大量使用杀虫药及倾倒未经处理的工业废物、未经净化的污水，已经破坏了“大自然的平衡”，使大片土地和水域不适宜动植物生存。现在，很多科学家担心，人为的污染物质在大气层上广泛散布，可能同样对全球气候产生难以预料的坏影响。

空气中污染物质的多寡，各处不同，但污染物质的成分，大致一样。美国各地工业区的空气污染最为严重。美国的空气污染管制局、环境保护局及其各分局，在全国各地设立大约4000 个空气样本抽查站，密切检验国内的空气情况。工厂和汽车喷出的污染物质，每年约有 1.78 亿吨进入美国上空，其中1300 万吨是固体微粒，包括煤烟、灰烬、水泥、煤屑及其他工业物料的粉末。

除了上述微粒悬浮在空中以外，其余1.65亿吨污染物质主要是燃料燃烧时产生的气体，包括来自煤和含高硫质重油的氧化硫、汽车废气中的氮氧化合物、一氧化碳和未燃碳氢化合物。污浊气体中，一氧化碳和碳氢化合物差不多占1.15亿吨。其中仅汽车一项就产生5000万吨之多，因此汽车是空气污染的罪魁祸首。环境保护局也密切注意其他有害或可能有毒物质的污染程度，包括水银、石棉、铅、硝酸盐、氨、钴、砷及有放射性的各种物料。

这些物质中，有的含有毒性，有的只是肮脏并无毒性。有些能腐蚀石头与金属，另外有些已知是致癌因子。还有些能起化学反应产生一种“新的”有毒物质，可以毒死植物和侵害一般物料。把这些危险物质送入空气中的罪魁祸首，当然就是我们自己。只要肯花钱，采用必要的技术，多数污染物质都能防患于未然，不致侵入人类生存的环境。例如：在工厂烟囱装上如静电除尘器等装置，就可以消除工业造成的很多空气污染。静电除尘器利用静电吸力的原理，与丝绸擦过的玻璃棒可以吸起纸片的情形相同。烟通过烟囱进入空中时，烟囱上的除尘器就会吸去烟中的煤烟和其他微粒物质。

另一种装置是，先把气体导入旋动的水槽中与水混合，使污染物质溶于水中，再把脏水净化。此外还有人提出其他可使用的装置，或把污浊气体导入袋内，就像真空吸尘器的功能一样；或利用化学方法，滤除工厂黑烟中的有毒化合物。这些防止工业污染的装置，不管哪种，价钱都相当昂贵。

不过，还有其他方法。举例来说，纽约市改善空气污染的计划是从另一方面着手，政府限制发电厂用煤和燃油中的含硫分量，管制焚烧废物的私人或公共焚化炉等。

伦敦的防止空气污染工作，成绩最为显著。1956年，英国国会通过清洁空气法案。现在，伦敦冬季可以享受的阳光，比1956年多了一半。这样卓著的成效，主要得自空气中的煤烟减少了。伦敦人冬天取暖时，一向是壁炉里燃烧烟煤，现在都燃烧焦炭或无烟煤。在法例规定之下，大多数家庭如果不能完全改用煤气或电力供暖系统，就要改用比较精巧的壁炉或封闭的火炉。壁炉或火炉的改装费用，由户主担负30%，地方政府担负

30%，英国中央政府担负40%。

煤、焦炭及重油燃烧时产生的气体中，最普通的污染物质是硫的氧化物，主要为二氧化硫和三氧化硫。仅美国，每年差不多就有5000万吨硫的氧化物飘进空气里面。

潮湿空气中，溶于水的二氧化硫变成亚硫酸，黏附建筑物与汽车的表面，使砖石逐渐碎裂，并使金属发生腐蚀现象。这种难闻的气体使眼睛刺痛，还使肺部感觉不适。三氧化硫溶在空气的水分中，产生硫酸，腐蚀性比亚硫酸厉害得多。

空气污染

世界各地用电不断增加，要燃烧更多石油来发电。除非设法不让硫的氧化物形成，否则这种污染物质逸入空气中的分量一定有增无减。虽然欧洲目前可在北海区采用不含硫质的天然气，但俄罗斯、北非洲及北美洲各地蕴藏的天然气，没有北海区那样多。甚至在欧洲，天然气也不能代替煤和石油。假使我们要尽量减少全球空气中的二氧化硫，就要在燃烧前清除煤和石油中的硫质，或采取措施来净化烟囱喷出的烟。现在已有几种新发明的技术，可以进行这些工作，只是费用很高。不过，我们即使希望把空气污染程度维持现状，而不奢望改善地球污染情况，也同样要支付这些费用。

近数十年来，工业国的汽车大量增加，内燃机成了可怕的空气污染来源。汽车废气多半是二氧化碳和水蒸气，都是无害的东西。但其中混有的一氧化碳是一种致命的毒素；苯并芘是一种致癌因子；还有汽油未完全燃烧所生的氮氧化合物和未燃的碳氢化合物。此外更有半燃烧热机油冒出的烟和未精炼汽油的污浊液体。这一切都成了空气的一部分。

汽车废气停留在静止空气中，而废气中的烟又受到太阳光线的照射时，会发生复杂的光化作用，产生一种毒气，叫作“光化烟雾”。这种烟雾损害树木及谷物，刺痛眼睛，使鼻子及肺部感到难受，还使橡胶及人造纤维织物等物料变坏。

光化烟雾出现，除汽车废气的烟外，还有其他因素。不论有多少汽车喷出废气，只要上升气流能把烟带上高空，在广阔的气层中冲淡，那么空气还能保持相当清洁。假使大气的上下对流静止不动，污染物质就会滞留在距离原地地面不远的空中。

大气对流怎会阻塞？我们都知道，高空的空气通常比接近地面的空气冷。但在大城市的上空和下风头的地区，情况完全相反，一层暖空气停在接近地面的凉空气上面。这种“逆温”现象使暖空气成了一个盖子。上升的烟困在暖空气的下面，无法继续上升。过了若干时日，污染物质在逆温层下面越集越多，再加上太阳的照射就会产生光化烟雾。

美国洛杉矶的逆温现象滞留不散，阳光充足，周围有山阻挡污染物质消散，地面汽车又多，因此成为世界上烟雾为害最剧烈的地区。美国新近制定的法例规定，在今后10年以内，新造汽车排出的废气要减少九成。这项规定虽然在技术上会有问题，但也带来了很好的希望，烟雾今后或可减轻。



伦敦大雾的成因，也是在低空（离地面300到400英尺）中有强烈逆温的现象。以前，这逆温层下面，千千万万煤炉喷出的烟与雾困在一起，使空气坏到几乎不宜于呼吸。即使今日，伦敦的浊烟虽已大量减少，浓雾仍常把能见度减到不足5码。不过，浓雾里只含水珠，不含有毒的烟屑。

洛杉矶方面，造成烟雾灾害的逆温层较高，离地面约2500～4000英尺，虽然有较多空间让浊烟消散，但洛杉矶像伦敦一样，逆温层滞留不散。世界上其他地方的逆温层通常只会出现几天，就被风吹走。加利福尼亚州南部的情况不同，逆温层有时候在整个夏季日夜不散。

20世纪以来，世界各地人口和工业毫无疑问都在迅速增长。假使我们想把整个地球恢复到20世纪以前的情况，根本没有什么奇术妙策。为保全人类的生存环境，我们在金钱上以及在智力上需要付出的代价，可能与最初推动工业发展时付出的代价一样大。人类如果不打算在有毒的地球上灭绝，除了必须接受管制污染的措施以外，似乎别无他法。

# 飓风是如何形成的

什么是飓风？那是流动的空气——亿万吨的空气。这么大的一个空气散布在半径300英里的范围之内。这团空气开始旋转，接近中心的空气转动时速，达到75～150英里。这团空气中再充满了云，云顶升到4～6万英尺高空之间。这些云以每天高达20英寸的雨量，落下倾盆大雨。同时，这整个系统还沿着某一路线移动。旋转的风在海洋上掀起怒涛巨浪，海水涌入邻近陆地。这一切就是一个典型飓风的主要情况。飓风如果袭击人口稠密的沿海地区，拔树倒屋，后果总是一场灾难，极少例外。

飓　风

飓风有几个名称。学名称为热带气候，在西太平洋称为台风；在澳洲称为“畏来风”，不管在各地的名称为何，飓风是诞生于热带地区海洋上空的一种旋转风系，由又湿又暖的热带空气构成。飓风的威力来自太阳。太阳使水从海洋表面蒸发，形成风暴云。水汽在高空的风暴云里凝结成小水滴时，放出热能；在这种情形下，一个中型飓风在一小时内由凝结所放出的能，等于16枚2000万吨级氢弹爆炸的威力。这样巨大的能量，约有3%被挟持在飓风里。

飓风季通常从暮春开始，直到初秋，以夏末期间的风暴为最猛烈。那时热带海洋已经在太阳接近直射的光线下暴晒了数周，海洋表面蒸发率甚高，使海洋上空的空气，充满了催动飓风那副“热力机”的水汽。

过去利用天气侦察机报道热带气旋的行踪，今天追踪飓风的工作，大部分已经由天气侦察卫星替代，其中包括美国的太罗神及雨云卫星。风暴的情况，白天由卫星摄影机拍照，夜间由红外线仪器摄取。卫星把获得的资料传送到地球各地的接收站，通过这个布满全球的追踪网就能侦察出某一飓风的诞生、成长、动向及消散的情形。天上的飞机、海上的船只及地上的天气观测站，也都收集这些强烈风暴的资料。

如果所有飓风的路径都相同，预测工作就简单得多了。可惜，飓风行踪可能飘忽不定，路径迂回曲折，诡谲难测。有时吹向赤道，随又转向走开；有时突然暂停前进，折向来时的旧路吹回。有时飓风前进时会采环状路径，20 世纪初的一个飓风便是如此。1910 年 10 月，一股风暴在加勒比海向北移动，直接吹袭古巴西部的圣胡安马丁内斯城。两天之后，这股风暴又从西面绕圈折回，再次袭击该城。

威胁海上船只的风暴，莫过于已发展成型的飓风。猛烈的风势及汹涌的波浪，甚至能毁坏大型航空母舰及远洋中的大油轮。在第二次世界大战时期，美国上将海尔赛指挥的第三舰队，在菲律宾吕宋岛以东约 500 英里处，被困在一个飓风范围内，遭受飓风猛烈吹袭。该舰队的气象人员早在事前接获警报，在该区某处发现飓风。也是命中注定，海尔赛的第三舰队竟误入飓风中心。驱逐舰、巡洋舰、主力舰和航空母舰都颠簸得很厉害，像软木瓶塞在海中漂浮似的。旗舰上发出的命令是“任意航行”，舰队在风浪中远远地散开。没有一艘战舰能逃过重创的厄运。三艘舰只沉没，舰上官兵极少生还。4000 里外夏威夷群岛珍珠港的舰队天气中心也接到报告。舰队天气中心虽已从海上的船只、天上的飞机及太平洋数十个岛屿上的美国基地继续不断接获天气报告的电讯，仍无法断定飓风的确切途径。

任何船只在海上遭遇飓风时，都极易被毁坏，但是小心航行可以避开风势最猛烈及波浪最险恶的地区。住在风暴路线上的海岛居民，天生不是很幸运。假使飓风直接侵袭海岛，居民只好找藏身处避风。如果预先获得警报而又有充分时间，最好还是暂时迁离沿海地区。若是岛上的地势低，诸如太平洋上的环礁，遇到飓风或飓风吹过，可能造成一场大灾难。

例如：1958 年 1 月 7 日，西太平洋上的马绍尔群岛遭受飓风侵袭，这是飓风对一个毫无掩护的珊瑚岛肆虐的可怕例子。受灾最重的是群岛中最大的环礁杰路依特岛。当时海上卷起的巨浪，开始拍击东面珊瑚礁的外壁。潮水还是非常低，所以珊瑚礁没有立刻被海水淹没。但是潮水高涨，波涛更加汹涌时，海水澎湃冲过珊瑚礁外缘，直袭环礁。突然一阵烈风从东北吹来。风力增强到飓风程度——时速约75英里，海浪开始冲过东边几个小岛，进入泻湖。

这时已是下午。湖水几乎涨到最高点，狂风挟海水扫过岛上的陆地。狂风把洪水吹成巨浪，混着一些被连根拔起的树木和数以千计的珊瑚碎块纵横狼藉，有些珊瑚碎块重逾100磅。一位劫后生还的人回忆说："我们半游泳半涉水，从一棵大树到另一棵大树，但是到处都有树木倒下来，我们也不晓得哪棵树安全。我眼看着一家人全部溺毙。他们都把自己缚紧在一棵露出水面的高树上。大树忽然倒下，他们也随波冲走。"

飓风过后，杰路依特岛上几乎到处都留下珊瑚碎块，厚达3英尺。大树多半不是被连根拔起冲走，就是被齐根吹断。泻湖上出现许多扇形及三角形沉积物，像是小河积年累月留下的淤积物。当地人住的小房舍和粮食作物，如椰子树、露兜树及面包果树，全部惨遭摧毁。出人意料之外的是，飓风侵袭期间仅有14人死亡。另两人于事后因过分疲惫而致命。死亡人数轻微的原因有二：一是因为有第二次世界大战期间日本人所建那些墙壁厚达一英尺的碉堡沉入珊瑚丛生的海水深处，发生了保护作用；一是凑巧人口最稠密的几个小岛上的许多居民，当时都去了另一个小岛，而该小岛在这次风灾中未被海水完全淹没过。

飓风吹袭沿海地区时，迎风的地方危险最大，狂风卷起海水，常以排山倒海之势汹涌袭来。人口稠密的沿岸地区在风暴激浪侵袭下造成的灾害，实在不胜枚举。

## 破译雪崩之谜

1669年12月24四日，瑞士西南部阿尔卑斯山吉纳村上方，14名山地人爬过一个积雪山坡，为度假的人准备滑雪坡。脚底下不稳固的积雪，突然好像山崩地裂，向下滑落。其中3人被翻腾滚下的积雪卷走，无法救援，结果葬身于好几吨重的雪堆中。

雪 崩

那年圣诞前夕的惨剧，成为随后前所未有一连几次雪中惨剧的前奏。在那个严寒的冬天，从欧洲阿尔卑斯山脉东至伊朗艾尔布芘山脉，发生过几次本世纪威力最大的雪崩，就像骇人海啸似的，冲下陡峭山坡。1970 年头三个半月内，有 2130 余人因此丧生，数百人受伤，还把许多房屋、旅馆、医院、滑雪缆车设备、桥梁、公路及铁路冲毁。

法国灾情最重。四月中旬，融雪引起山崩，数以万吨计的泥石从白朗峰疾冲入山谷对面阿西高地一所肺结核疗养院的 3 幢宿舍里。72 名遇难者多半不满 15 岁。两个月前，在伊塞勒峡谷，大雪崩猛扑一座青年旅舍，有 39 名滑雪青年遇难。

同一期间内，瑞士也发生过历史上少见的雪崩惨剧。1970 年 2 月 24 日，接近意大利边界的雷京格村，发生了 220 年来最惨重的雪崩，30 人遇难。在随后发生的小意外中，又有多人死亡。

各地高山都会发生雪崩。每年发生的大雪崩，可能多达 25 万次，但并不是都会毁灭生命或财产。雪崩与冰川是完全不同的自然现象。冰川是由又厚又硬的大冰块缓缓移动形成的，雪崩则是大量松软积雪迅速滑动。斜坡上的积雪，总是处于脆弱的平衡状态。连续降雪后，雪就会像多层夹心蛋糕似的层层堆积。随着气温及天气的改变，雪层会下沉、结实、融化及重新冻结。例如，新降的雪可能落在已经结成冰块的层面上。这两层之间的结合，极为薄弱。任何轻微的扰动，都能使上层积雪没过下面的冰层。

山地人把雪崩分为“土崩”与“尘崩”两类。新降大雪不能与旧雪层坚实地结在一起时，通常发生尘崩。大雪连下 24 ~ 48 个小时，积雪堆至 10 英寸以上，一般认为尘崩最易发生。上层积雪受到地心引力，顺着山坡滑下。巨量积雪滑落速度迅速增加，滑落时积雪越来越多、越重。只消几秒钟便滑下极长的斜坡，速度惊人。瑞士有一次尘崩，用计秒表测得的时速竟超过200英里。

尘崩时，还在迅速滑动的雪墙前面产生一股强大的气压。这种强烈的“风”，曾有一次在阿尔卑斯山，把250英亩范围内所有根深蒂固的百年老树连根拔起。又有一次在奥地利，把一辆游览客车吹落一座桥下，23名滑雪人遇难。但滑动的雪墙根本没有碰到那辆游览客车。

雪崩图

另一方面，土崩——湿雪滑落时速很少超过60英里，但也有破坏力。此种雪崩通常发生于春季积雪开始融化时，土崩的雪在滑动时滚成雪球，一路上收集泥土、拔起了的树木和挖松了的大圆石等杂物，积重可达100万吨。土崩的雪所经之处，障碍物上所受的威力，每平方米强达100吨。

山区中必有雪崩，但为什么近几年雪崩所造成的伤亡及破坏，都比以前大？专家举出几个理由：

滑雪及其他冬季运动方兴未艾。历来遭受雪崩侵袭的地方，冬季别墅及游乐场地有增无减，于是危险增加。一位瑞士专家说：“人们好像并不关心那里是否安全。个人的经济利益总是摆在前头。”

无限制发展并不是雪崩杀人的唯一原因。有记录的雪崩多半由粗心的滑雪人引起的，造成许多人伤亡。瑞士一个救援队的队长指出：“每年有太多人由于愚昧无知或低估危险而丧生。他们想不到可能有被活埋、压坏或窒息的危险。”（瑞士有记录说明，遇雪崩遭活埋的人，两小时后，100人中只有19人生还，3小时后则只有9人生还。）

每个冬季，瑞士估计有20000次雪崩，其中约有137次造成相当大的损失，伤亡人数在比例上却较邻国低。这一点主要归功于完善的预报系统。这个系统隶属瑞士联邦积雪及雪崩研究所，意大利、奥地利及苏格兰也采用同样办法，法国则效法部分措施。雪季时间每周一次估计阿尔卑斯山发生严重雪崩的可能性，在危急情况下则酌增次数。发表雪崩警报前，先分析几千项个别报道。研究所及外界观察员，包括阿尔卑斯山向导、滑雪教练、学校教师、修道士及缆车驾驶员等，从瑞士52个观察点每日用电话、电报报告当地积雪及天气的情况。此外，还与奥地利和意大利交换类似资料。

报纸、电台和电视台都报道研究所的公报。瑞士联邦电话局还把公报录下，随时回答电话询问。公报翔实可靠，警察、救援队及游乐场地，都据此限制车辆来往、关闭滑雪坡或撤离危险地带。

该研究所在1942年成立，设于一座四层楼高的近代大楼内，坐落在崎岖的威斯夫鲁约赫峰顶。这座险峻的山峰海拔9000英尺，山脚下是达弗斯镇。山上有一条两英里长的缆车轨道把研究所与山谷连接起来，这条缆车轨道也供滑雪人登山之用。

研究所共有24位专家，分别控制积雪的各项工作。其中包括气象学家、水文学家、工程师、森林学家、地质学家及物理学家等。由于这批专家专门研究雪崩成因及各种预防措施的工作，所以全世界专家也常群集威斯夫鲁约赫峰吸取新知识。



研究所的另一项活动，是每隔一年的一月举办为期一周的雪崩讲习班，这项户内及户外课程，只需缴付很少费用便可参加。许多学生是阿尔卑斯山救援人员及外国游乐场地的滑雪教练。课程之一是寻找埋在雪崩中的遇难人。狗的嗅觉敏锐，人类远不能及。训练过的狗，嗅觉敏锐得使人难以置信。

举例来说：1968年某夜，达弗斯镇连串雪崩埋了11人，雪崩狗在三两个小时内便把他们找到，掘出后其中4人还活着。这些灵犬凭嗅觉找到埋在于雪下深达16英尺的遇难人。据研究报告，受过良好训练的雪崩狗，能在20~30分钟内搜遍两英亩半的雪地。如果使用人力，同样的工作需要20个人花费20个小时才能做完。方法是用棍子不断插入雪中，每次还得保持适当的距离。

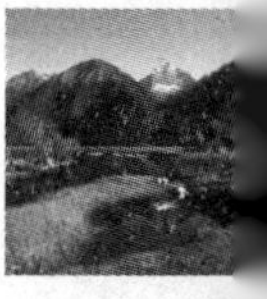

据说从前马车夫赶车穿过阿尔卑斯山隘口时，会抽一下鞭子，击松积雪，使雪滑落而不伤人。今天，该研究所也用人工方法引发无害的雪崩，

以消除隐患。他们发现用炸药引发雪崩最好。此外还动用迫击炮、反坦克火箭炮、遥控地雷、手榴弹、自制炸弹——旧铁罐装满炸药用火柴点火引爆。仅在瑞士阿尔卑斯山区，每年用一万次爆炸，以造成人为雪崩。一位游乐场地主人说：“我们是个爱好和平的民族，不过，听到那些爆炸声，人们也许不那么想。”美国及加拿大落基山区，也采用同样预防方法保护铁路和公路。

科学家对雪崩的知识及所拟的预防方法，仍然不足。未能解答的难题数以千计。如何用人工方法使积雪稳定？哪种雪面对哪种天气变化最敏感？在雪崩地区如何种植防护林才收效最大？

“这些问题及其他迫切问题中，只要有小部分获得解决，”研究所所长德奎威博士说，“雪崩造成的伤亡及破坏便可剧减，也许能减少一半。”

由于爱好滑雪的人不断增加，世界各国的滑雪人都急需多了解雪崩的危险，采取适当的行动。为了防备雪崩，每个人都需注意以下的一般守则：

即使气温不转暖或风力不减弱，在任何斜度超过20度的滑雪坡上，一英尺深的新雪也可能发生危险。十次雪崩有八次在暴风雪时或紧接着暴风雪之后发生。

气温上升，雪崩的机会增加。雪开始溶解，积雪松软，雪崩最易发生。

不管天气好坏，动身滑雪之前，先向当地气象台咨询，还要“相信它的报告”。

在一个陌生的地区滑雪时，尽可能选择林木茂密和山脊长的地点。最好避免横越陡坡。如果必须横越时，尽可能接近斜坡的上端走过，在穿越斜坡时，“切勿挤在一起”。要列成单排，彼此保持距离，这样即使遇险不致殃及他人。

切记携带一条雪崩绳：100英尺长的红色尼龙绳。在容易发生雪崩的地区滑雪时，应该把绳系在腰上，拖在后面。如遇雪崩受困，部分红绳可能露出雪外，救援人员便可循迹施援。

如果队里有人为雪崩所困时，把最后看到他的地点做个记号，立刻利用雪橇或滑雪竿搜寻。同队人员众多，派人来救。在受过训练的救援人员和狗到达前，尽可能继续搜寻。

# 磁场变化与气候关系之谜

1986年1月22日，美国哥伦比亚大学拉蒙特－多尔蒂地质研究所的一位地球物理学家不安地打电话给美国东北部地区的电视台气象预报员，预言一星期内该地区将会出现洪水或强大的暴风雪。气象预报员们没有一个人相信他的预言，因为他们认为也没有收到过有关天气发生异常变化的正式预报。那位地球物理学家要求电视台在播报气象预报后把他的预测也公之于众并作参考，但也遭到了拒绝。

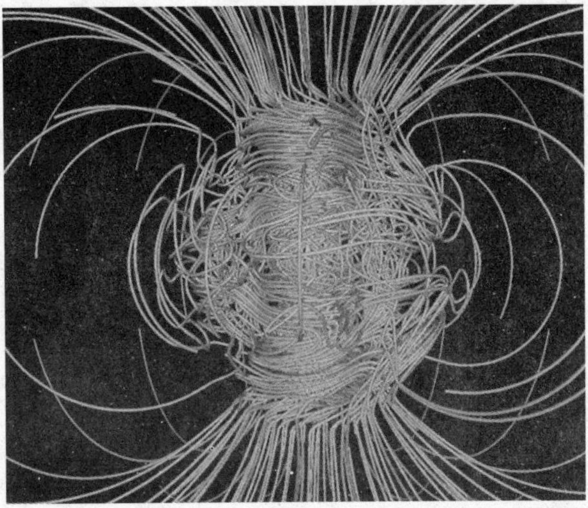

地磁场

3天以后，一场意外的特大暴风雪袭击了波士顿到首都华盛顿之间的广大沿海地区。暴风雪持续了72小时以上，沿海地区降雨量达10厘米，内陆地区降雪量达100厘米。暴雨和暴风雪给毫无防范的居民带来了巨大的财产损失和生活不便。

预报这场暴风雪的地球物理学家是戈埃斯塔·沃林。他从70年代起就相信地球的磁场与气候有关。在1970年，沃林和同事戴维·埃里克森开始研究1.1万年前地球上最后一次冰期结束以来的气候变化。事有凑巧，就在他们绘制出温度升降曲线图的同一个星期里，权威的《科学》周刊上登载了一篇简述同一时期地球磁场变化情况的专文。沃林仔细研究了该文所附的图表，发现与自己绘制的温度曲线图极为相似。他苦苦思索到第二天天明，猛然想出了两张图表之间的关系：温度曲线与磁场曲线存在着此起彼伏、此伏彼起的相互关系。当地球磁场减弱时，气候会转暖（温度曲线上升）；而当地球磁场增强时，气候则转为寒冷（温度曲线下降）。

沃林深知：科学史上这种偶然的巧合极其常见，唯有从不同的时期和地点搜集更多的证据，才能最后做出结论。不久，机会来了。沃林遇到了另一位专门从事地球磁场研究的学者瑞安。瑞安曾研究过中、南美的加勒比海海底70万年以来沉积物的磁性。说来也真巧，沃林和埃里克森在同一地区也进行过气候研究。瑞安提出证据，证明地球磁场方向曾出现过5次短暂的倒转。在磁场方向倒转时，地球的南北磁极出现了互相易位的现象。沃林、埃里克森和瑞安3人合作研究了4个多月，证实了地球磁场与气候确有长期紧密的关系。不仅在加勒比海如此，在太平洋和地中海也同样如此。

然而，科学界对沃林理论的反应不一。气候学家几乎全都支持他，而地球物理学家同行则认为沃林还未能确切地说明磁场与气候的关系。沃林指出：根本的答案来自直接影响磁场的变化，或是取决于太阳日射微粒流的变化。但另一些科学家提出了不同的看法：认为地球磁场减弱时太空到达地球的辐射机会固然会增多，但其强度并不足以使气候转暖。

沃林开始着手寻找更多证明自己理论的事实依据。他设想：如果长期的磁场变化会造成气候的长期变化，那短期的磁场变化也应该影响短期的气候变化。他决定对若干事前未能预测到的强风暴资料进行分析研究。如果那些风暴的强度与地球磁场变化强度之间确实有对应关系，那自己的理论就更有说服力了。

沃林翻阅气候记录时发现，1967年2月7日，有一场未预测到的暴风雪袭击了纽约市，积雪达0.3米深。而同一时期的地球磁场变化记录表明：地球磁场强度在经历了一段长时期的平稳阶段后，在暴风雪到来之前突然转弱。沃林又研究了另外两次发生在1983年的未预报风暴，发现当时地球磁场都在风暴发生前两天半突然转弱。可惜，这一切还不足完整地说明磁场与风暴之间究竟有什么规律可循。

沃林为了证明自己的研究成果并非“事后诸葛亮”，决定用磁场理论作一次准确的意外气象预报。他请求在弗吉尼亚州科尔宾市弗雷德里克斯堡地磁研究所工作的朋友密切注意地磁测量记录，发现异常变化时立即通知自己。1986年1月22日，他接到了地磁异常变化的通知后，立即打电话通知了有关地区电视台的气象预报员，预报了一场特大暴风雪即将来临。

气象预报员拒绝了沃林的预测，招致了前文所述的那场灾难性后果。他们最终不得不承认沃林可能有道理，而科学界也开始正视沃林的研究。关于地球磁场变化与气候的关系，有待于人们进一步的辛勤探讨。这种有意义的研究一旦获得突破性进展，千千万万信赖天气预报的人将更有效地防范异常气候的突然袭击，免除一系列不必要的生命和财产损失。

## 南极大陆在变暖吗

“上帝”早就遗忘了南极大陆，干吗人们还要对它这样关注？值得花这么大力气去研究它吗？十几年前提出的这些问题，如今再也听不到了。然而现在并不是每个人都了解，南极大陆与人类的命运密切相关。

南极大陆

先谈谈南极大陆对人类可能有的好处。根据勘探和估计，南极洲的矿物资源应是相当丰富的，而且其中包括对现代工业来讲是十分贵重的矿物，如钻石和放射性物质。在南极洲大陆也发现了含油地层。

除此以外，南极大陆还有另一丰富资源——淡水。南极洲表面覆盖的冰层占全世界淡水总量的80%。这真是大自然对人类的恩赐！

如果考虑南极洲对地球气候的调节作用，我们应当承认，南极大陆的覆冰对人类的未来不是无关紧要的。因此，人类已经利用一切可能手段对南极覆冰进行了多年研究，这绝不会是徒劳无益的。

几千万年以前，地球上大陆的分布情况与今天完全不同。那个时候南极洲刚刚开始向南极远征。当时由于来自赤道一带的暖洋流，南极大陆并不那么寒冷。只是到了大约2500万年以前，南部洋面的宽阔海峡才沟通，从此对南极洲的“供暖”开始中断，于是南极大陆盖上了一层“冰被”。现在冷水从这里流向各大洋，大大降低了海洋的水温。

南极洲的严寒是决定地球未来命运的一个重要因素，它使地球上的气候带进一步发生了变化，从而使生物的生存条件变得多样化。这就促进了生物的进化。因此，从这一意义上讲，可谓是先有了南极严寒才有了人类。

直至今日，南极对维持大地气候仍然十分重要，它维持着我们所习惯的生存条件。假如有朝一日南极突然变暖，情况将会怎样呢？近来，这个问题越来越使科学家们不安。计算表明，如果南极洲由南向赤道漂移，它就可能失去自己一身的冰铠冰甲。这是完全有可能的，因为各个大陆并不是牢牢钉死在原地的。不过，根据地球物理资料，在最近几百万年内还不会出现这种情况，所以我们不必为此担忧。

不过有迹象表明，当代技术的迅速发展有可能对南极大陆的覆冰造成影响。一些人认为：如果世界燃料的消耗按目前的速度增长，那么50年后大气中的二氧化碳将会增长一倍。它至少会使南极大陆的气温升高5摄氏度。这样，罗斯海、菲尔希内尔海、罗雷海的冰块就会融化，接着南极洲西部的覆冰也会出现融化。其结果是全世界海洋的水位将上升5米，许多沿海城市都将遭到今天威尼斯城的命运。

这种情况可能出现吗？苏联南极考察队试图对这一问题做出回答，只是目前还不能下最后结论。不过南极大陆变暖，这一点是完全有可能的。为了对这一点做出正确估价，在南极进行考察的科学家们，正夜以继日地工作着，密切注视着南极洲的冻结情况。

# 山川奇诡篇

# 大峡谷之谜

大峡谷位于美国亚利桑那沙漠中部，约长515公里，最深处为格拉尼特峡，深1.6公里，最宽处达29公里。峡谷峭壁由层层岩石构成，岩纹清晰可见。谷底为浅黑的片岩（一种容易裂开的变质岩）和富含化石的花岗岩。荒凉的孤山矗立地上，极像失修的庙宇；冲沟、裂隙交错其间，犹如复杂的迷宫。难怪19世纪有些科学家以为，大峡谷必定是大地震造成的。

大峡谷

约60万年前，广阔的凯巴布高原为两大河系的分水岭。东面流淌古科罗拉多河，西面流着瓦拉佩河。随着时间推移，瓦拉佩河向上游侵蚀，冲蚀凯巴布高原。天长日久，终于与古科罗拉多河相连，形成现在水力万钧的科罗拉多河。格伦峡谷堤坝建成以前，科罗拉多河以平均33公里的时速奔泻，每天冲蚀出数以百万吨的岩石和泥土。高原表面原是古代海床，其下的许多层砂岩、页岩和石灰岩，是6亿年前至2.5亿年前古生代中沉积下来的。底部是年代更加久远的片岩，属20亿年前的前寒武纪。

新生的科罗拉多河在高原上奔流，沿途冲蚀切割岩石表面。同时，地壳活动把岩石推起，形成巨大圆丘。凯巴布高原缓缓上升，500万年间升高了1216米。河水挟带的石块和砂粒摩擦峡谷，把峡谷侵蚀得越来越深。河水往下切割，其他侵蚀力量则打击岩石表面，使之分裂。温度骤升骤降，使石隙增大；冬天的风暴和春天融雪，把沙砾和岩屑冲下石沟。随着地面阻力越来越小，流水的冲击力越来越大，猛烈切割谷底；同时，岩层继续隆起，河道两边的峭壁越来越高。

如此雄伟的峡谷看似永不改变，其实天天在变化增大。1964 年美国在大峡谷国家公园上游建设了格伦峡谷堤坝，大大减弱科罗拉多河的冲蚀力。但冬天的暴风雨猛烈击打绝壁，仍使岩屑剥落，植物在石隙中生长，挤裂石头，也使碎石掉进谷底。

一般人来到大峡谷，只觉满目苍凉、了无生气。其实，里头不乏动植物。谷底又干又热，是多种沙漠动物栖息之所。诸如：斑臭鼬、黄蝎子、鞭尾蜥等等。桶形仙人掌和牧豆树欣欣向荣。穗状耳的凯巴布松鼠只见于北里姆，艾伯特松鼠则生活在较温暖的南里姆。峭壁较谷底凉快，是亚利桑那灰狐和峭壁花鼠的家园。美洲狮在岩石间游荡，数目日少。土著人同样一天少于一天，现今仅余少数哈瓦苏派印第安人在此居住。游客乘直升机飞到哈瓦苏峡谷上空，就可俯瞰他们的居地，那是美国境内一处极荒僻的印第安人居留地。公元 1000 年前后，普韦布洛印第安人在峭壁上建立家园，约 150 年后，哈瓦苏派印第安人的祖先取而代之。

最早来到这里的欧洲人，大抵是德科伦纳多及其队伍。德科伦纳多是一名西班牙骑士，1540 年率领 300 人，到此寻找黄金。他们在峡谷边缘，听到西边传来水声，于是德科伦纳多派遣一名头目循声探查，结果找了三天，仍找不到通往河边的路径。

300 多年后，艾甫斯上尉于 1858 年来到这里。他带领探险队在亚利桑那西北部考察，从加利福尼亚湾起锚，沿科罗拉多河上溯，在炎热天气下航行两个月。最后，因为水流过于湍急汹涌，他决定登岸。在南里姆，骑骡沿岩架前进，艾甫斯上尉忆述岩架“距陡峭深渊的边缘不到 8 公分，渊深 300 米；另一边，一堵陡直岩壁差不多触及我膝，高不可攀”。他称那里为科罗拉多大峡谷。

尽管大峡谷雄伟壮丽，叫人惊叹不已，艾甫斯上尉对此却似乎无动于衷。他写道：“这个无利可图的地方，我们是首批到此的白人，大抵也是最后一批。与世隔绝的科罗拉多河诚然壮丽异常，但看来大自然有意叫其大部分河段永不受人滋扰。”艾甫斯上尉实在大错特错。大峡谷气象万千，被公认为北美洲一大奇景。许多人像罗斯福总统一样，认为那是“每个美国人都应该一看的胜景”。

# 有待揭秘的“死亡谷”

在世界上一些人迹罕至的地方，隐伏着若干让人谈其色变、不寒而栗的死亡之地，鸟类、爬行动物或人类都无法进去，如进去，往往立即死亡。人们把这些地方称为“死亡谷”。

死亡谷

在美国加利福尼亚和内华达州毗连地带，有一个“死亡谷”，它长225公里，宽6～26公里，面积1408平方公里。山谷两侧悬崖峭壁，山岭绵延。这里的气候极端炎热干燥。1848年，一队外来移民误入谷地，迷失方向，大都葬身谷底，连尸体都找不到。1949年，美国一支勘探队冒险进入“死亡谷”，几乎全部死亡，其中有几个人侥幸脱险爬出，过后不久也不明不白死去。后来，又有不少人前去探险，结果也屡屡身亡。最令人难以理解的是：这个被死神统治的地方，竟是飞禽走兽的“极乐世界”。据初步统计：这里繁衍着230多种鸟类、19种蛇类、17种蜥蜴、1500多头野驴，还有各种各样多如牛毛的昆虫，草本植物随处可见。究竟是什么原因会威胁人的生命，却不伤害这些飞禽走兽？人们至今疑惑未解。

在苏联堪察加半岛的基哈特拉奇地区的火山“死亡谷”，长达2公里，宽100至200米不等。那里地势凹凸不平、坑坑洼洼，不少地方天然硫黄露出地面，到处都是狗熊、田鼠、豺狼，以及其他野兽的尸骨，满目凄凉。据统计：这个“死亡谷”已吞噬过近30条人命。苏联科学家们曾对这个“死亡谷”进行过多次的冒险性考察和探索，但结论仍是众说纷纭。有的认为：“杀人祸首”是积聚在凹陷深坑中的硫化氢和二氧化碳；有的则说：致命的原因可能是烈性毒剂氢氰酸和它的衍生物。可是，住在距离“死亡谷”仅一箭之地，而且没有山岳和森林阻隔的村舍农民，却不曾受到这些毒气的影响。

意大利的那不勒斯和瓦维尔诺湖附近，也有两处与美国和苏联的“死亡谷”相似的“死谷”。但这个“死谷”只能危害飞禽走兽，对人的生命却没有威胁。据科学工作者的调查统计：每年在这两个山谷中死于非命的各种动物多达37 600多头，所以意大利人称它为“动物的墓地”。虽然意大利的专家学者曾多次对“死谷”进行现场考察，然而谜底至今还未揭开。

印尼爪哇岛有个更为奇异的“死亡谷”。在谷中共分布有6个庞大的山洞，每个洞对人体和动物的生命都有很大的威胁。如人或动物靠近洞口六七米远，就会被一种神奇的吸引力吸入洞内，再难逃出。所以山洞里至今已堆满了狮子、老虎、野猪、鹿以及人体的残骸尸骨。山洞何以会具有这种吸擒生灵的力量？被吸进去的人和动物是否因中毒或饥饿而死呢？迄今仍然无法探索到其中的奥秘。

不仅陆地和岛屿上有死亡谷，在地球生命的摇篮——海洋当中，也有令人纳罕愕异的死亡谷。

在美国的加利福尼亚海岸附近，卡萨哈那群岛的北面，水下1400米深处，有一个独特的海谷，那里既没有氧气，也没有任何活着的生物。任何生物一旦进入这个海谷之中，就会死掉。美国圣地亚哥海军电子研究所通过潜艇对这个死亡谷进行了考察，结果发现：那里的海底覆盖着棕泥的“绒毯”，别说是鱼类，就连任何微生物也没有，可以说那里是地球上生命的真空地带。

据美国科学家考证：“死亡谷”在非常遥远的古代经历了多次沧海桑田的变化，才演变成今天奇特的面貌。距今约3000万年前，由于这一带地壳运动频繁，埋在地下的岩层，受到两侧重压力的挤压，褶成弯曲状，有的地方隆起突出，成为高地或山岭，有的地方凹下，成为河流或盆地。“死亡谷”就是一狭长形的闭塞盆地。以后气候逐渐变得炎热干燥。到距今约2000万年前，地壳再次发生剧烈的褶皱和断裂，沿着断裂地带形成了

一条深达1200多米的大断层。很厚的沉积物把大断层覆盖了，长时期以来没有被人们发现。有些学者推测：一些人误人“死亡谷”，迷失方向，可能是因为踏进了大断层上面的沉积物而掉入大断层的深渊中，以致死亡，连尸体也不见了。

“死亡谷”里有丰富的卤素矿、硼砂矿等。有些学者认为：可能在谷底某一地下部位藏有某种至今尚未查明的剧毒矿物元素，当人们靠近这种矿物时，就会中毒死亡。这只是一种猜测，尚难定论。

“死亡谷”也不是绝对的禁区，有些人却能安然无恙地通过“死亡谷”，未发生过意外。在“死亡谷”边缘一些怪石林立、峰岭险峻的地段，已辟为自然奇景区，向游人开放。

对这种奇特的自然现象，许多科学家曾长期进行研究和探索，有的“死亡谷”头上笼罩的面纱已被彻底揭开。如：前苏联堪察加半岛克罗诺基自然保护区内的“死亡谷”，是由于那里积聚的足以使人窒息的毒气——与碳酸气和硫化氢同时发生作用的剧毒挥发性氰化物。我国昆仑山内的“魔鬼谷”是由于隐藏着丰富的磁铁矿而造成频繁雷击所致。而埃及西部沙漠之中的“死亡之地”，却是众多的蚁狮所为。但世上仍有许多“死亡谷”至今还是无法揭晓的奇谜。

“死亡谷”是一个不寻常的自然之谜，要彻底查明死亡的原因，还有待今后进一步深入探索和研究。

## 形迹诡秘的幽灵岛

这里所说的“幽灵岛”指的是海洋中形迹诡秘、忽隐忽现的岛屿，而并非是那种热带河流上常见的、由于涨水或暴风雨冲走部分河岸或沼泽地而形成的漂浮岛。至于“幽灵岛”的成因与漂浮岛的形成有多大联系，这还有待于继续探讨。

1707年，英国船长朱利叶斯在斯匹次培根群岛以北的地平线上发现了陆地，但他总是无法接近这块陆地，他完全相信这不是光学错觉，便将“陆地”标在了海图上。过了近200年，海军上将玛卡洛夫的考察队乘

“叶尔玛克”号破冰船到北极去，考察队员们再次发现了朱利叶斯当年所见到的陆地。1925 年，航海家沃尔斯列依也在这个地区发现过这个岛屿的轮廓。1928 年，当科学家前去考察时，却没有发现任何岛屿的存在。

类似的事情在地中海也发生过，那是 1831 年 7 月 10 日，一艘意大利船途经地中海西西里岛西南方的海上，船员们目睹了一场突现的奇观，海面上涌起一股 20 多米高的水柱，方圆近 730 多平方米，转眼间变成一团烟雾弥漫的蒸汽，升到近 600 米的高空。8 天以后，当这只船返回时，发现这儿出现了一个冒烟的小岛。四周海水中，布满了多孔的红褐色浮石和不可胜数的死鱼。这座在浓烟和沸水中诞生的小岛在以后的 10 多天里不断地伸展扩张，由 4 米长到 60 多米高，周长也扩展到 4. 8 公里。由于这个小岛诞生在航运繁忙、地理位置重要的突尼斯海峡里，引起了各国的注意，并派人前往考察。正当各国在为建设这座新岛、彼此间争夺其主权的时候，这个岛忽然开始缩小，仅三个月便隐入了水底。但它并未真正消失，在以后的岁月，它又多次出现，直到 1950 年它还表演过一次。于是它就成了名副其实的“幽灵岛”。

1943 年，日本海、空军在太平洋和美军交战中节节失利。设在南太平洋所罗门群岛拉包尔的日本联合舰队总部遭到美国空军猛烈轰炸。为了疏散伤病员和一些战略物资，日本侦察机发现：距拉包尔以南 100 多海里的海域上有一个无人居住的海岛。这岛上绿树成荫，有小溪流水，几十平方公里的面积，又不在主航道上，是一个疏散、隐藏伤病员的好地方。于是，日军将 1000 多名伤病员和一些战略物资运到这荒无人烟的海岛上。伤病员安居后，日军总部一直和这里保持联系，经常运来食品和医疗用品。谁知一个多月以后，无线电联系突然中断。日军总部担心美军袭击、占领该岛，马上派出飞机、军舰前来支援，但再也找不到该岛。1000 多人和物资也随小岛一起失踪了。美国侦察机也发现过该岛，并拍了详细的照片，发现有日军躲藏，派出军舰前来搜索，谁知也同样扑了个空。

这海岛和岛上的 1000 多人哪里去了？战后，日本、美国都派出海洋大型考察船前来这一海域搜索，并派出潜水员深入海洋底部寻找了较长时间，未发现任何踪影。

在同一时间，也就是美、日海、空军大战最激烈的时刻，美军为了监视日本海、空军在南太平洋的行踪，在马利亚纳群岛海域一个无人居住的

小岛上，建造了一座雷达站，发出强大的电波对周围的海域和天空进行探测。它24小时和美军总部保持着联系，不断发出附近海洋和天空的信息，报告日军海军、空军动态、行踪。两三个月后，电波突然中断。美军以为雷达站被日军袭击、占领，派出军舰、飞机前来支援，在马利亚纳群岛海域搜索了几天，再也找不到设有雷达站的小岛。岛上的十多名美军人员也一同和小岛神秘失踪了。美军派出潜水艇在这一带海底搜索，海岛仿佛是有意与人玩捉迷藏，致使寻找者在这个海域团团打转，最终一无所获。

就在航海技术空前发达的今天，怪事又出现在美国人身上。在太平洋的战略要地海域，美国中央情报局1990年偷偷地在一座无人居住的小岛上，安装了海面遥感监测器，与天上的美国军事间谍卫星遥相呼应，监视苏联海军、核潜艇在太平洋海域的动态。这座“谍岛”获得的情报可直通五角大楼——美国国防部。凡是在这一带海域过往的商船、军舰及在此出没的潜水艇、飞机等，无不在五角大楼的监视之中。

1991年终的一天，“谍岛”的监察系统和信息突然中断，五角大楼大为震惊。开始，他们怀疑是苏联的克格勃发现了这个秘密，有意破坏了美国的间谍网点。于是美国派出了一支以巡洋演习为名的舰队，悄悄地调查此事。谁知却扑了一个空，舰队赶到出事地点时，“谍岛”已经从大洋中消失了。美国的科学家们认真地查核了这一带的海洋监测系统，并没有发现此海域发生过地震或海啸引起海底地形变化，使小岛沉没水中的事件。另一种可能是苏联埋下了数千吨炸药，摧毁了这个小岛。但该岛处于美国间谍卫星的严密监视中，像这样大的行动不可能不被发现。再说就算苏联知道此秘密，也没必要兴师动众炸毁该岛，只要摧毁岛上的设备就可以了。那么“谍岛”是如何失踪的？五角大楼陷入了茫然不知所措之中。

在大西洋北部，有座盛产海豹的小岛，是由英国探险家德克尔斯蒂发现的，至今有100多年。它被命名为德克尔斯蒂岛。这里盛产海豹，因此招来大批的捕捉者，并在岛上建立了营地、修船厂。1954年夏季，此岛突然失踪。

加拿大政府派出了侦察机、军舰前来寻找均无结果。事隔8个月以后，一艘在北大西洋巡逻的美国潜水艇，突然在航道上发现一座岛屿，潜水艇艇长罗克托尔上校大为震惊：因为他经常在这一带海域航行，航海图上从来没有这样一个岛屿，罗克托尔上校在潜望镜上一看，发现岛上有炊烟，原来有人居住。潜水艇靠岸登陆。上岸一问居民，才知道这是失踪了 8 个月的德克尔斯蒂岛。

罗克托尔上校在航海图上一测量，该岛在原德克尔斯蒂岛的坐标以东 800 海里之处。岛上的人员、设备、营地齐全，他们移位了 800 海里却一点都不知道。居民们只是奇怪，为什么没有船只来送给养，接走捕捉的海豹呢？当他们得知自己所在的岛屿移位了 800 海里时，才大吃一惊。

茫茫大海中的“幽灵岛”是怎样形成的呢？这成为世界海洋科学家们的热门话题。他们在研究和探索上下了很大工夫。

日本的海洋地质学家龙本太郎经过细致研究与调查认为：南太平洋上那些来去匆匆的“幽灵岛”是因为澳大利亚的沙漠底下巨大的暗河流入南太平洋的海底，带来巨量的泥沙，在海底堆积增高，直至升出海面，形成泥沙岛。然而在汹涌暗河的冲击下，泥沙岛又会被冲垮，因而消失了。

而美国的海洋地质学家京利·高罗尔教授却不同意这样的看法。他认为：太平洋上的“幽灵岛”并非由泥沙堆积而成，岛上的基础是花岗岩石，岛上有茂盛的植物和动物群，因此它形成的年代长久，是汹涌的暗河流冲击不垮的。那为什么“幽灵岛”会突然消失呢？他认为：是由于海底强烈地震和海啸使它葬身海底的，因为“幽灵岛”出现的海域是地震频繁活动地区。高罗尔教授还认为：如果太平洋西北部的海底板块由强烈大地震产生大分裂，那么日本本岛、九州也同样会沉没在碧波万顷的大海之中，会有和“幽灵岛”同样的命运。他认为自己的说法并非危言耸听。

但高罗尔教授的论证又无法解释美国“谍岛”失踪之谜，因“谍岛”在美国间谍卫星严密监视之中，在它消失期间，这一带海域并未发生任何地震和海啸。那它是因何而消失的呢？

1994 年，澳大利亚的海洋科学家们发现：在太平洋的珊瑚海域有几个珊瑚岛突然失踪了，又有一大片珊瑚礁突然消失了，这现象引起了科学界的强烈关注，政府专门派出科学考察船来这一海域调查研究。

考察船在珊瑚海域中捕捉到一种状如“飞碟”形的怪“星鱼”，此鱼状似一个大圆盘，直径在 1 米左右，周身长有 16 只爪子，爪子是“星鱼”取食用的工具。星鱼的游动方式很特别，靠自身转动而前进后退。澳大利亚科学家们给它取了个雅号“水中飞碟”。

观察发现：星鱼专门吃珊瑚，而且胃口大得惊人，星鱼群居而生，常常发生吃食竞赛，就如运动场上的比赛一样，在吃珊瑚上比个你高我低，所以有些珊瑚岛的失踪，是被这“水中飞碟”如蝗虫般的蚕食所致。

而美国的“谍岛”是珊瑚岛，因此它是消失在“水中飞碟”的肚子里，这是澳大利亚海洋科学家的看法。

各国的海洋科学家们对“幽灵岛”的忽隐忽现，怎么会移位，感到不可思议。人们对大自然的神秘莫测，惊奇！感叹！到底是什么鬼使神差所为呢？这是一个难以解开的谜团。覆盖地球面积约 2/3 的海洋，科学家们对它的探索、研究正在加快步伐，但“幽灵岛”的谜团何时才能真正解开，人们正拭目以待。



## “平顶海山”成因之谜

在夏威夷群岛、加罗林群岛、马绍尔群岛和斐济群岛一带的深海海底，有着一座座奇异的海山，它们的顶部像被裁齐了，都是平坦的，被人们称为“平顶海山”。

这种海山除太平洋海域外，在大西洋和印度洋中也有存在，它们有的孤独地耸立在海底，有的成群出现。平坦的顶部呈圆形或椭圆形，直径从几百米到二三十千米不等，顶部离海面最浅为 400 米，最深为 2000 米。美国海洋地质学家赫斯对此进行了较系统的研究，他认为“平顶海山”是沉没了的岛屿。但他无法解释海山的顶部为什么如此平坦。后来，人们从“平顶海山”的顶部打捞到了呈圆形的玄武岩块，据此有人认为：它们可能是一座座海底火山，顶部是火山口，被火山灰等物质填平了，所以呈现平顶。年龄测定表明：它们形成于距今 1 亿年至 2500 万年之间的火山大量喷发时期，这就给火山说提供了一个依据。

20 世纪 50 年代，人们从太平洋西南的凯普—约翰“平顶海山”的顶部打捞到造礁珊瑚、厚壳蛤以及层孔虫等大量生物化石，以后在太平洋中部又有类似的发现，表明“平顶海山”的顶部过去有过珊瑚礁发育。由于造礁珊瑚需要生活在有光照的水里，因而其生存的最大水深在 50 米左右。这说明曾有一段时间，海山顶部的水深不超过 50 米。由于此时的海山顶部离海面近，风浪就有可能将其削平，并在其上发育造礁珊瑚。以后，海山下沉，沉到水深400米以下的地方，所以“平顶海山”上就残留着以前发育的造礁珊瑚和其他喜礁生物。但美国学者德利指出：海底火山不一定发生过上升和下沉，可能是天气寒冷和冰川时期海平面大幅度下降，使海底火山的顶部露出海面被风浪削去。但有些“平顶海山”的顶部直径达二三十千米，说它是被风浪削平的似乎难以使人信服。

平顶山

著名海洋地质学家孟纳德认为：太平洋中的“平顶海山”都位于一片原来隆起的地壳上，他称之为“达尔文隆起”。这些隆起的海山顶部接近海面，被风浪削平，尔后整个隆起下沉，便形成了今天的“平顶海山”。但有一些人不同意孟纳德的见解，他们认为没有事实证明“达尔文隆起”曾经存在过。

看来，要想解开“平顶海山”这个谜，还需科学家们做进一步的努力。

## 石岛形成之谜

西沙群岛中有一个由珊瑚等生物砂岩组成的小岛，人们称它为石岛。石岛南北长380米，东西宽260米，面积0.06平方千米。西沙群岛各个岛屿的海拔高度一般是5~6米，最高不超过10米，而石岛中央的海拔高度为15.2米，像金字塔一样耸立在西沙群岛之中。那么，这座奇特的“金字塔”是怎样形成的呢？

西沙群岛由十几个砂岛组成，最大的永兴岛面积为1.65平方千米，其

石 岛

他岛屿面积都不到1平方千米，它们都是由松散的珊瑚、贝壳等生物砂堆聚而成的。每当海底珊瑚向上生长到海平面位置，就会被海浪削平，使珊瑚礁顶部形成一个平坦的台面，称为礁坪。礁坪上，有少量珊瑚和藻类植物生长，大量的是珊瑚、贝壳等被风浪击碎的碎屑，有的为砾石，有的是砂。波浪和风把礁坪上的这些生物沙砾堆积起来便形成了砂岛。这些砂岛外缘有一环沙堤，中央为一洼地，多数已干涸，少数为泻湖。而石岛却不然，它由坚硬的层状生物砂岩构成。根据科学测定：西沙群岛的永兴岛等岛屿年龄一般不超过6000年，而石岛比它们老得多，年龄在12 000～24 000年之间。

一般层状砂岩是底部年老，上部年轻。石岛比较奇特，它们底部年轻，为14 000～17 000年，越往上越老，金字塔最高点最老，为22000年，整个岛好像是被人倒置过来似的。因而有的学者推测：在石岛附近原来有一个由珊瑚等生物砂岩组成的较大的岛，它不断被风化、剥蚀，这个岛顶部较新的生物砂岩剥蚀下来，堆积成石岛底部砂岩，而它较老的底部生物砂岩剥蚀下来，堆积为石岛的顶部，这样，石岛的年龄便出现倒置现象。果真如此的话，那么那个被破坏了的岛应比石岛更大，位置也应比石岛高，但目前还找不到证明这个大岛存在的任何证据。

有的学者则认为这是雨水冲蚀造成的。组成石岛的生物砂岩是生物骨骼碎粒，化学成分是$CaCO_3$，当石岛上层的生物砂岩遭到雨水冲蚀，一部分$CaCO_3$，被溶解，随雨水渗到石岛底层沉淀下来，生长为新的年轻的方解石结晶，它们与原来的生物砂岩的年龄一平均，便使整层岩石的年龄变年轻了，而相对上部生物砂岩年龄来说，便形成了年龄的倒置现象。

上述说法究竟谁是谁非，尚无定论，还需要科学家进一步研究、探索。

# 神秘岛

1933年4月，法国考察船“拉纳桑”号来到南海进行水文测量。他们在海上不停地来回航行，进行水下测量的作业。突然，船员们见到在上一回驶过的航道上竟矗立起一座无名小岛，岛上林木葱茏，水中树影婆娑。可在半个月后，当他们再来这里测量时，却又不见了这个小岛的踪影。对于这个时有时无、出没无常的神秘小岛，大家都莫名其妙、不解真情，只好在航海日志上注明：这是一次“集体幻觉”。

3年后，即1936年5月的一个夜晚，一艘名叫“联盟”号的法国帆船航行在南海海域。这艘新的三桅帆船准备开往菲律宾装运椰干。

“正前方，有一个岛！”在吊架上瞭望的水手突然一声呼叫，顿时惊动了船上的所有船员。

海　岛

船长苏纳斯马上来到驾驶台，用望远镜进行观察。他清清楚楚地看到了一个小岛。他感到纳闷，航船的航向是正确的，这里离海岸还有250海里，过去经过这里时从未见过这个小岛，难道它是从海底突然冒出来的吗？可是岛上密密的树影，又不像是刚冒出海面的火山岛。

船长命令舵手右转90°，吩咐水手立即收帆。就这样，“联盟”号缓缓绕过了这座神秘的小岛。

这时，船员们都伏在右舷的栏杆上，注视着前方。朦胧的夜色映衬着小岛上摇曳的树枝，眼前出现的事，真如梦境一般。

此时，船上航海部门的人员赶紧查阅航海图，进行计算，确定船的航向准确无误，罗盘、测速仪也工作正常。再查看《航海须知》，可那上面根本就没有这片海域有小岛的记载，而且每年都有几百、上千条船经过这里，它们之中谁也没有发现过这个岛屿。

忽然，面前的岛屿不见了，可过了一会儿，它却又在船的另一侧出现了！船长和他的同伴们紧张地观察着出现在他们面前的如同黑色幕布般的阴影。

突然一声巨响，全船剧烈地摇晃起来。紧接着，船体肋骨发出了嘎吱嘎吱的声响，桅杆和缆绳相互扭结着，发出阵阵的断裂声。一棵树哗啦一声倒在了船首，另一棵树倒在了前桅旁边，树叶飒飒作响，甲板上到处是泥土，断裂的树枝、树皮和树脂的气味与海风的气味混杂在一起，使人感到似乎大海上冒出了一片森林。船长本能地命令右转舵，但船头却突然一下子翘了起来，船也一动不动了。船员们一个个惊得目瞪口呆。显然，船是搁浅了。



天终于亮了，船员们终于看清大海上确实有两座神秘的小岛，“联盟”号在其中的一个小岛上搁浅了，而另一个小岛约有 150 米长，它是一块笔直地直插海底的礁石。

好在船的损伤并不严重。船长吩咐放两条舢板下水，从尾部拉船脱浅。船员们在舢板上努力划桨，一些人下到小岛使劲推船，奋战了两个多小时，“联盟”号终于脱险。

“联盟”号缓缓地驶离小岛。两个小岛渐渐地消失在人们的视野之中。这一场意想不到的险恶遭遇，使全船的人都胆战心惊。精疲力竭的船员们默默地琢磨着这一难解之谜。

“联盟”号刚一抵达菲律宾，船长苏纳斯就向有关方面报告了他亲身经历的这次奇遇。当地水道测量局等有关单位的人员听后说，这片海域从来也没有发现过岛屿。其他船上的水手们也对“联盟”号船员的叙述表示怀疑。显然，大家都认为这是“联盟”号船员的集体幻觉。

船长苏纳斯不想与他们争辩，他决定在返回时再去寻找这两个小岛，记下它们的准确位置。开船后两天，理应见到那两个小岛了，可他却什么也没有见到。他们在无边的大海上整整转了 6 个小时，还是一无所获，两个小岛已经消失得无影无踪。苏纳斯虽有解开这个谜的愿望，但他不能耽搁太久，也不能改变航向，只好十分遗憾地驶离了这片海区。

## 福科纳斯之谜

在美国犹他州、科罗拉多州、亚利桑那州和新墨西哥州四州接壤的福科纳斯，壮阔奇丽的地貌随处可见。因此，这一带遍布国家公园和名胜古迹。即使置身于芸芸胜景之中，谢伊峡谷仍是独树一帜，因为它环境清幽、与世隔绝，而且对于昔日当地居民的生活和信仰都产生过深远的影响。

峡　谷

这个峡谷是由许多峡谷组成的一个迷宫，由流速缓慢的河川雕琢而成，谷底深入到迪法恩斯高原的红砂岩中。峡谷岩壁的高度从 9 米到 300 米不等，陡峻而异常平滑；岩壁上的黑色条纹酷似油画中的线条，有“沙漠油彩”之称，那是千百年来富含矿物的水流从崖壁上流下岩面而造成的。

风霜侵蚀峡谷边缘，使巨砾冲落谷底。不久，巨砾分解为沙粒，随风而去。因此宽阔的谷底看上去非常整洁。春季，银白色的溪流在沙堤间蜿蜒。当地的纳瓦霍人种植了一片片小果园，园中盛开着苹果花和桃花，争妍斗丽。



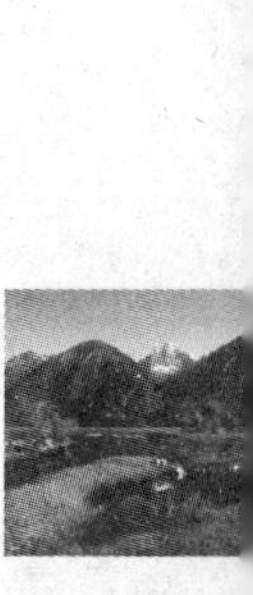

虽然谢伊峡谷的冬天很冷，但总能吸引人前来定居。高耸的悬崖脚下多是幽深的壁凹，其中几处矗立着好些岩石建筑群的废墟，那是一个消失于公元1300年左右的古代民族所留下的。在他们之后来到此地的纳瓦霍人将他们叫作“阿纳萨基”，意为“古人”。

16世纪来到谢伊峡谷的西班牙人将这一带顽强不屈、足智多谋的当地人称为“纳瓦霍人”。这些当地人自称“迪纳”，意即“人们”。他们神圣的家园尽收峡谷之内，被圣弗朗西斯科峰、赫斯珀勒斯峰、布兰卡峰和泰勒峰四座高峰所环绕。

峡谷之名来自纳瓦霍语，本意为解岩谷。就在谷内阿纳萨基人的墓志铭旁边，纳瓦霍人也记载了他们自己关于神创造天地的故事。这些故事和传说被画在或者刻在许多洞穴的岩壁和岩架上。

小 岛

也是在这里，纳瓦霍人从峡谷的要塞向接踵而来的入侵者开战。首先进犯纳瓦霍人的是西班牙人，然后入侵的是美国移民。后者为了报复，屠杀了115个纳瓦霍男女老少。

1863年，美国政府派遣了几支由卡森上校率领的骑兵部队围困纳瓦霍人，结果约7000名纳瓦霍人被驱赶到了新墨西哥州。这段旅程长达330公里。

4年后，美国政府让纳瓦霍人重返故土，他们的家乡现已被划为纳瓦霍人居留地。这片土地上的每一块石头、每一样大自然的东西都融进了纳瓦霍人的信仰之中。

离谢伊峡谷不远的地方就是石化森林国家公园，那是一片布满树干的荒漠。躺在那儿已达2.35亿年之久的树木会在恐龙时代早期繁茂以至枯死。当时这个位于亚利桑那州的地区还是一片热带沼泽。

那些倒下的树木，被埋进沉积物中。它们从地下水中吸收了硅元素。

树木中的有机物逐渐由五彩缤纷的硬玛瑙取代；包在石化树木外面的软石层、蕨类植物、鱼类以及爬虫化石被侵蚀掉了，从而形成这个记录了地球早期历史的形象化文献。

隐藏在谢伊峡谷陡崖壁凹的废墟是一组宏伟的岩石建筑群，里面有高耸的塔楼和地下厅堂。其建造者从公元 100～1300 年之间在这里生活，被纳瓦霍人称为阿纳萨基。

阿纳萨基人是杰出的建筑人才，而且在耕作、棉纺、编篮和陶瓷方面都表现卓越，足迹远及墨西哥和太平洋沿岸，却于 13 世纪晚期销声匿迹；原因不详，也许遭遇旱灾与饥荒。只有所留下的建筑物记录着他们的历史。

## 克什米尔河谷之谜

克什米尔曾是蒙古皇帝和英国统治者的夏季避暑胜地，有人将其比作乐土，爱尔兰诗人穆尔则视之为“人间天堂”。



克什米尔河谷位于喜马拉雅山的雪峰与皮尔本贾尔岭的群峰之间，是印度次大陆一处风景优美、土地肥沃、气候宜人的地方。蒙古皇帝贾汗杰临死时，有人问他死前的愿望，他答道：“只要克什米尔。”可见克什米尔是多么受人喜爱。

约在 6000 万年前，克什米尔河谷是一个湖底，此湖深 900 米，长 140 公里，宽 30 公里，冰川融水和流量充沛的高山河流都流入湖中。此湖后湮灭，留下一个土壤肥沃的山谷；现在杰赫勒姆河蜿蜒流过其间，到巴勒穆拉才离开克什米尔。

在印度神话里，水妖就住在这个湖里，众神均欲除掉此魔，怎奈他在水里战无不胜。后来，造物神梵天的孙子用其神剑把巴勒穆拉山砍断，泄去湖水，使水妖不能防御，除妖之战才取得胜利。

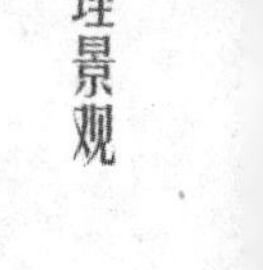

现在克什米尔一部分在巴基斯坦境内，但克什米尔河谷位于印度北部的查谟和克什米尔邦。这个河谷海拔 1600 米，有大山屏障，不受酷热的季风影响，气候远比附近地区温和，所以在英国统治期间，每当盛夏，怕热

的英国人都到此避暑。

首府斯利那加更受人欢迎，但土邦主不许英国人购地建屋，英国人便在德尔湖上用长船做船屋。英国人撤离后，留下的船屋租与度假的游客。此湖亦以漂浮湖面的园圃而闻名。农夫乘坐小艇料理园圃，采摘番茄、南瓜或鲜花。每个漂浮园圃都是在约 2 米宽的芦苇织条上铺上泥土而成的，然后系在锚杆上，可放置在湖上任何地方。在这个耕地有限之地，既增加收获，又可增添景致。

克什米尔河谷

公元前 3 世纪时，阿育王派遣佛教僧侣到克什米尔，斯利那加就是那时建立的，自此直到公元 144 年，克什米尔先后受 53 个皇帝统治过。之后，有些统治者引进了印度教和伊斯兰教。到 1585 年，克什米尔被阿克巴攻克，成为阿克巴的帝国领土。夏天，阿克巴住在克什米尔，这是个理想的地方，既靠近阿克巴在德里的大本营以及由山区来的贸易路线，又可避开山下平原的溽暑和尘嚣。

阿克巴宣布克什米尔是其“御花园”，并认为这里居民的唯一工作便是料理这个花园。在斯利那加兴建宏伟的宫殿庭园就是他的主意。所有庭园都依循同一设计，把长方形的梯级平台一个接一个的连起来。在斯利那加的园子里，清水翻过矮墙滚流而下，从亭台下流过，沿着园子形成多道瀑布，最后汇入德尔湖。斯利那加最大的花园是尼沙园，长 548 米，宽 383 米，建于 1633 年，由卡恩设计，他是建造泰姬陵的沙也汗的妹夫。沙也汗也建造了克什米尔的舍利默尔园，号称是世上最华丽宏伟的庭园，里面有美轮美奂的亭台，连串的瀑布，以及无数奇花异卉。

城外，农民在耕地上种稻、麦、玉米和各种果树；在农田周围那些只可骑矮种马或徒步攀登的喜马拉雅山麓上，是半游牧民族放牧牛羊之地。

克什米尔有“快活谷”之誉，因为它不受外界的尘嚣所扰，其实并非如此。由于克什米尔所处的位置，500 年来邻近的君主都为此互相争斗。

今天，以印度教为主的印度与以伊斯兰教为主的巴基斯坦为管治这片土地时而有争执，启端始于1947年英国人撤离后。当时克什米尔的土邦主是印度教徒，而他的臣民却大都是穆斯林，使情况变得复杂。初时土邦主拒绝将克什米尔交予任何一国，后来巴基斯坦发动战争，为了取得军事援助，土邦主于是正式将克什米尔交给印度。

1945年曾宣布停火，但印度与巴基斯坦仍有零星的战斗，不断破坏“快活谷”的宁静，而很多克什米尔人则希望完全独立于两国之外。

克什米尔最重要的一项产品是藏红花，这是世界最贵重的香料，既可做染料，也可供食品调味。藏红花在秋天开花，在斯利那加东南13公里处种植，用人手采摘。每朵花有三根柱头，橘红色顶端的花品质最好，茎部的则较次。4000朵藏红花才重30克。克什米尔亦是以出产高品质的羊毛毯而闻名于世。

## 东非的“磬吉”之谜



在非洲这个最大的岛上，无数像剃刀一样锋利的石灰岩尖峰庇护着独特的野生动物。在那180米高的石灰崖顶上有个与世隔绝的世界，那里全是纸样薄、剃刀般锋利的尖峰，有些高达30米，就是最坚韧的皮靴用不了几分钟就会被削成碎片，一失足便会皮破血流或切断动脉。这里鳄鱼深居于地下的洞穴里；大眼睛的狐猴像可怕的鬼魅藏身树上；只要捏死一只野蜂，树上的蜂群便会倾巢而出用刺猛蜇。这就是马达加斯加北端的安卡拉那高原，可以说是这个岛上最不可思议的地方。马达加斯加距东非海岸600公里，南北长1577公里，面积60万平方公里，是世界上第四大岛。由于岛上泥土呈红色，所以马达加斯加被称为“大红岛”，不过由于人为的原因，泥土现在以惊人的速度被冲蚀到海中。岛上有其独特的动植物。

地球上原来的超级大陆冈瓦纳吉陆于1.2亿年前开始分裂，马达加斯加独有的生态系统就是在那时开始的。当时马达加斯加是齐整地夹在印度南端、非洲东岸和南极洲北岸之间的。

在恐龙时代，非洲与马达加斯加是连在一起的，恐龙可从非洲缓步走

喀斯特地形

到岛上。在马达加斯加与非洲分裂后的数百万年里，动植物乘着漂浮的植物渡过海峡，移居岛上。但到4000万年前左右，海峡变得太宽，生物的移徙停止了。岛上首批居民是公元500年自印尼乘船来的，而非来自邻近的东非。

安卡拉那高原是典型的喀斯特石灰岩地貌。千万年的大雨，平均每年达1800厘米，把岩石（上层是松软的白垩，底层是坚硬的结晶）溶掉。松软部分溶掉后，留下尖锥、尖柱和峰脊，往往侵蚀成薄片。在石灰岩层中有长满树木的峡谷，谷里的猴面包树、无花果树、棕榈树枝叶茂盛，在25米的高度处形成一大片树冠。在其南面720公里的贝马拉哈国家保护区，又出现同样的地貌。

雨水渗入安卡拉那的岩石缝中溶成深洞，水中的石灰质在洞里沉积，形成壮观的石笋和钟乳。流入石灰岩隙缝而失去踪影的溪流，会在地下出现，在地道和洞窟形成地下河，格罗特德安德菲贝就是这样的洞窟。有些较大的洞穴顶部塌落，底部长满植物，形成一小片一小片分开的原始树林，栖息着不少动物。

当地人称高原中部那些令人生畏的岩石为“磐吉”，因为敲击时会发出破钟似的低沉声。马尔加西人（马达加斯加人）说“磐吉”没有一片容得下一只脚的平地。不畏艰险的博物学家努力穿过曲折的尖石阵外围，但最后都晕头转向被迫退回。少数尝试穿越“磐吉”的人都说最好是乘飞机，从上空一个安全距离俯瞰。

由于马达加斯加人口增长，不断开垦土地，所以大部分野生动物都受到威胁。但是，安卡拉那高原和贝马拉哈保护区仍是一些稀有动物的庇护所。马达加斯加特有的动物狐猴，就有好几种住在尖峰隙缝和灰岩坑中的树木上。狐猴是低等的灵长类动物，与猴、猿和人类有远亲关系。有些狐猴例如罕见的侏儒狐猴，喜欢晚上独自觅食；较大的原狐猴等则会成群结队在白天四出觅食，用人手般的爪子抓住树枝，在树间跳上跳下。

在安卡拉那可以看到其他哺乳类动物，如环尾檬和似猫的马达加斯加狸，后者是岛上最大的食肉动物，以捕食狐猴为主，有人形容它“好像齐膝切断了腿的美洲狮”。

地球上唯一一种穴居的鳄鱼，在5～10月的旱季，居于安卡拉那的地下河中。这种鳄鱼可长达6米，会把人抓住吞噬。幸好这种鳄鱼要在阳光下才能活跃起来，而地下水的温度在摄氏26度以下，使它们处于近乎昏睡的状态，所以入洞探幽的人不用担心。在地下河里还有皮韧如革的鳗鱼，虽比鳄鱼小但危险得多。最短的鳗鱼也有1.2米长，生性凶猛，口里长满可怕的牙齿，即使未受刺激，也会突然袭击游泳的人，甚至充气的小艇。

由于安卡拉那和贝马拉哈保护区偏僻荒芜，生活在这里的野生动物因而得到保护，但岛上其他地方的情况则不一样。这一举世无双的珍稀动物宝库正面临困难。在哺乳类动物中，狐猴是别处找不到的，而岛上已知的235种爬虫，全是这里土生土长的。

鸟的种类也同样繁多。马达加斯加有250多种鸟，其中100多种是马达加斯加独有的。鸟儿数目减少的主因是砍伐雨林，但另一原因是外国游客为寻欢作乐而猎杀鸟儿。从隆鸟的灭绝可知同样惨事也很容易发生于任何鸟种。隆鸟不会飞，身体有鸵鸟一倍半大，体重约450公斤，是世界上最大的鸟，其卵比鸵鸟卵大五倍。这种巨鸟最后被人类猎杀绝种。见到隆鸟的最后记录是1666年。



变色龙（即避役）也受到威胁，世界上一半种类的避役产于马达加斯加岛。避役绝不伤人，马尔加西人却很怕它们，认为人死了未能安息的灵魂就附在它们身上，还认为避役那两只能各自转动的眼睛一只可回顾过去，另一只可展望未来。

不过，岛上已有一些令人鼓舞的迹象，拯救濒临绝种动物的计划已经开始。例如，鸟类学家正在研究有灭绝危险的鱼鹰和蛇鹰。

在安卡拉那北面几公里处的昂布尔山国家公园里，鼓励农夫善用土地，以栽种树木来烧炭而不是砍伐雨林，并有效使用灌溉系统。提倡绿色旅游，可确保安卡拉那等稀有动植物宝库世世代代保存下去。

# 阿苏伊尔幽谷之谜

阿尔及利亚的朱尔朱拉山是一个风景秀丽的游览胜地，那漫山遍野的鲜花、灌木、雪松、橡树和山樱桃等植物，以它们各自的独特风采吸引了一批又一批的游人前来欣赏这俏丽多姿的山色；那一个个岩洞和一个个峡谷，以它们各自的神秘和深邃吸引了勇敢的探险者前来探寻这大自然的奥秘。

在朱尔朱拉山的峡谷当中，有一个十分著名的峡谷，名字叫“阿苏伊尔幽谷”，是非洲最深的一个大峡谷。可是，阿苏伊尔幽谷到底有多深，人们从来就没有探查清楚。那谷底到底是什么样，就更没有办法知道了。

阿尔及利亚

1947 年，阿尔及利亚的专家和一些外国专家组成了一支联合探险队，来到阿苏伊尔幽谷，准备探明它到底多深。他们挑选了一个身强力壮、又有丰富经验的探险队员，第一个去尝试一下。这个探险队员系好保险绳，保险绳上拴着深度的标记，朝着幽谷下边看了一眼，就顺着陡峭的山崖一步一步地滑了下去。上面的探险队员们紧紧地抓着保险绳，保护着他的安全。

这个探险队员一步一步地往下滑动着，时间一分一分地过去了，保险绳子的标记也在 10 米、300 米、500 米地往下移动着。这时候，这个探险队员还在一步步地向着谷底摸索着。等他下到 505 米的时候，还是没有看见谷底。忽然，这个探险队员觉得身体越来越不舒服，心想：这要是再往下走，恐怕就会发生危险呀。没有办法，只好上去了。于是，这个探险队员拉了拉保险绳，上边的探险队员赶紧把他拉了上来。

这次探险活动就这样结束了，人们对阿苏伊尔幽谷的秘密还是一无所知。1982 年，阿苏伊尔幽谷又来了一支考察队，他们决心一定下到超过 505 米的那个深度。只见一个队员系好保险绳，慢慢地朝着谷底滑了下去。当他下到 810 米深的时候，说什么也不敢再往下走了，只好爬了上来。这时候，一个经常跟山洞打交道的队员已经系好保险绳。他十分镇静地朝着谷底看了看，然后就一米一米地滑了下去。山顶上的人们睁大眼睛死死地盯着保险绳上的标记，800 米，810 米，820 米，只见保险绳又往下滑动了 1 米。哎呀，这个洞穴专家已经下到阿苏伊尔幽谷 821 米的深度了。但是，山顶上的人们也不由得为这个洞穴专家捏了一把汗：现在，他的情况怎么样呀？他还能不能再往下走呀？大家真想看一看这个洞穴专家现在正在干些什么，可那幽谷深得什么也看不见，只能静静地等待吧！

再说那个洞穴专家沿着刀削斧凿般的峭壁一步一步下到 821 米深度的时候，深深地吸了一口气，稍微休息了一会儿，抓紧保险绳，准备再接着往下滑动。没想到，这个洞穴专家突然出现了一种莫名其妙的恐惧，连朝谷底深处看一眼的勇气也没有了。就这样，他只好摇了摇保险绳，一步一步地返回了。

这么一来，821 米这个深度就成了阿苏伊尔幽谷探险家们所创下的最高纪录了。至于阿苏伊尔幽谷究竟有多深，那神秘的谷底到底有些什么东西，一直到现在也没能解开这个谜。不过，阿苏伊尔幽谷，还在继续吸引着探险家们，不知道将来哪个探险家能够最后揭开这个谜底！

人们对朱尔朱拉山阿苏伊尔幽谷的这些谜团还没有解开，山上的一些奇异现象又为朱尔朱拉山蒙上了一层神秘的色彩。

原来，人们发现：在朱尔朱拉山，每当雨季来临之际，当倾盆大雨汇集成大水流，沿着地面冲出去几十米以后，就会奇怪地消失在山谷里面，然后在千米之下的地方再重新流淌出来。当地的人们利用水流的这个特点，在山谷涌出的急流上建设起了一座小型的发电站。

那么，朱尔朱拉山水流的这种奇怪的现象，到底是怎么回事呢？许多科学家都非常想解开这个谜团。他们纷纷来到这里，考察、研究了一年又

幽　谷

一年。最后，他们提出了各自的见解。

阿尔及利亚有一个名字叫谢巴布·穆罕默德的洞穴专家，曾经多次探索和研究这种奇异现象。他认为：这种现象，只能说明在朱尔朱拉山的深处有一个巨大的水潭，而当雨水沿着峡谷流入这个水潭里面汇集到一块儿的时候，就会急速地奔流出来。这样，就形成了山下的急流。

不过，许多科学家都不同意谢巴布·穆罕默德的这种看法。他们认为：如果流出几十米远的水都可以流到千米外的那个深水潭，那么整个朱尔朱拉山简直就是一座千疮百孔的漏斗山了。如果真的是那样的话，人们就应该能够看到许许多多一直通往山底的峡谷。

这些解释听起来都有一定的道理，可是科学家们各说各的道理，很难有一个统一的结论，而只有事实才能够真正地证实谁的看法是正确的。看起来，人们如果想要揭开朱尔朱拉山的这些谜团，只能靠进一步地考察了。当地政府也正在组织专家们继续进行勘察探索，找到那个想象中的积水潭，探明阿苏伊尔幽谷的真实面目，揭开朱尔朱拉山神秘的面纱……

## 东非大裂谷之谜

在地球上最长而不间断的一道裂口内，可找到地球的最低点，其两边分布着世界上一些最高的火山。此外，地球上最大的湖泊也在这里，成为连贯欧洲与东方的水道。这道裂口就是东非大裂谷，其规模之大，宽达100公里，从周围高原到谷底的峭壁，高达450～800米。

由北面的叙利亚到南面的莫桑比克，东非大裂谷穿越20个国家，延绵

6750 公里，差不多是地球圆周的 1/5。这是个实例，从中可以看出地球的两片地壳板块（阿拉伯半岛和东非洲在其中一块上，非洲大陆的余下部分在另一块上）在地下分开时，会发生什么情况：沿东非大裂谷轴线的持续地壳运动令湖泊河流变得广阔，使裂谷加深。终有一天海水会涌入，把东非与整个非洲大陆分开。

东非大裂谷

东非大裂谷其实并不是谷，因为在整条裂谷中，既有崇山，也有高原，而且在埃塞俄比亚南部便分成两支，直到坦桑尼亚与乌干达边界的维多利亚湖地区才重合起来。不过沿着裂谷的湖海丘壑清楚地把裂谷的走势显示出来。

东非大裂谷起自叙利亚，形成约旦河谷与死海。死海海面比海平面低 400 米，是各大洲中的最低点。这个深度就如一个巨大的盆地，水流入后是不会流走的，且这个地区气温很高，水分蒸发迅速，水体会因此变得很咸，导致死海的含盐量约为海水的 10 倍，游泳者能轻易浮在水面。

距东非大裂谷起始点约 800 公里处，海水侵入，这道口子沿亚喀巴向红海伸延，到埃塞俄比亚宽阔的扇形达纳基勒洼地才转入非洲大陆。咸度与死海相若的盐水曾淹没过这片 5000 平方公里的平原，有些部分甚至在海平面 155 米以下。但所有水蒸发后，都留下了一层岩盐，有些地方可厚达 5 公里。

在沿东非大裂谷形成的湖泊中，坦噶尼喀湖、马拉维湖和维多利亚湖等东非淡水大湖是观察动物进化的理想地方。正如在与世隔绝的澳洲大陆上有多种独有动物一样，这几个湖泊由于四周有干旱荒漠阻隔，湖水里生活着数百种其他地方没有的鱼。

维多利亚湖水深100米，是三个湖中最浅的一个，也是形成最晚的，只有约75万年的历史。此湖形成时，四面的土地隆起，把数条河流的河道截断，结果河道加深加宽，成为小湖。湖中有的鱼，因环境变化而进化成新种。

东非大裂谷带

维多利亚湖本身也经历变迁，在泛滥时会把原来与外界隔绝水体中的生物接收过来，在干旱期，湖中生物又会回复与世隔绝的生活。在狭窄、较深而且较古老（超过200万年）的马拉维湖和坦噶尼喀湖，新种生物则是因隔绝而适应新环境进化形成的。

形成裂谷的地方都位于地壳的“热点”上，温差与密度的差别令熔岩筑向地壳表面，沿着裂谷的轴线，火山活动都很常见，所以东非有数座大火山也不会干涸，全年水分不虞匮乏，并且有足量的水草供食草动物食用。反之，生活在塞伦盖蒂平原的200万头动物，在干旱季节则要迁徙到有水草的地方。

夹在这两个野生动物天堂间的奥杜瓦伊峡，其实是个峡中之峡，深逾100米，长近15公里。数百万年前，当时塞伦盖蒂高原的湖泊河流流下来的泥沙堆积在山谷里，而火山活动又在层层沙砾上。非洲大陆的最高峰乞力马扎罗山（位于肯尼亚与坦桑尼亚间的边界）与肯亚山就在裂谷的轴线上。坦桑尼亚北部的恩戈罗是第三大的火山，其以坍塌的火山口成为非洲最佳野生动物保护区。

西面的塞伦盖蒂平原可容下比恩戈罗恩戈罗多100倍的动物，但火山口内有一个天然灌溉系统，铺上熔岩、火山灰和火山渣。最后地形发生变化，一条新河奔腾的流水冲开了一道峡谷，峡壁不但显露出各层天然矿物，也露出了化石和古人的制品。

英国考古及人类学家李基夫妇和其子李察在奥杜瓦伊的发现，加深了对人类进化的认识。1959年，在可确定为190～170万年前的岩层间，李基发现了第一个属于一种叫南方古猿的类人生物骨头，头骨几近完整。这种人科动物的脑容量较小，只有现代人的1/3，但从后脑形状可看出是以两足直立行走的，而不像人猿般以四肢行走。在奥杜瓦伊共发掘出50多个人科动物头骨，在北面埃塞俄比亚又找到其他人科动物头骨，而且年代更久远，证明非洲的这一地区是人类的发源地之一。

## 乌卢鲁之谜

澳大利亚沙漠中部有一块巨大的、充满神秘传说的赤色砂岩，当地土著居民认为这块巨岩属于他们，具有重要的宗教意义。因此，每道风化的疤痕不仅对他们有特别意义，也令每年到此的万千游客勾起各种遐想。

澳大利亚沙漠

随着天际露出一丝曙光，乌卢鲁开始明亮起来，由漆黑变成深紫，渐渐显出轮廓。太阳射出第一道光束后，这块岩石便发出绚丽的色彩，并在石壁上以惊人速度互相追逐。阳光把岩石凹穴里的阴影驱走，直至整块岩石完全沐浴在沙漠阳光之中。岩石的颜色整日都在变化，由金黄、淡红转为深红、绯红以至嫣紫。到黄昏时，色谱上的所有颜色都显示过了。

乌卢鲁跟悉尼歌剧院一样，是澳大利亚的象征。但乌卢鲁跟那座人造的现代化建筑不同，它代表的是这个国家的远古历史，当时居于这片大陆上的唯一种族是澳大利亚土著。乌鲁是当地土语，也是现在的正式名称。英文则称之为艾雅斯石，因为在1873年，探险家戈斯发现了这块巨岩，于是以当时南澳洲总督艾雅斯爵士的名字命名。

这块巨岩在100公里外已可望见。游客对此的第一个印象是岩石从平原拔地而起，继而对其巨大体积惊讶不已。这块巨石高348米，底部周长9公里。乌卢鲁常被称为世界最大的岩石，其实它是一座地下“山”的峰顶；这座山埋在地下深达6公里。在约5.5亿年前，澳大利亚中部是个海床，而这块岩石就是海床的一部分。后来海洋逐渐后退，地壳慢慢移动和隆起，岩石就推往一边。

乌卢鲁

这块岩石的主要成分是长石砂岩。那是一种红砂岩，含有大量长石，还有铁的各种氧化物。由于含有这些成分，这块岩石从黑夜到黎明、黎明到白天、白天到黄昏，显出各种颜色。很多来到乌卢鲁的游客就是为了观看岩石在不同时间和不同季节所展现的各种色彩。下雨时，岩石像涂了一层银液，表面的沟壑中急流汹涌，像瀑布般从陡峭的岩石倾泻而下，在周围沙漠汇成一个个暂时的池沼。

走近细察，可看到岩石经风雨侵蚀的痕迹，其中有土著视为圣地的洞窟和水池，还有看上去颇似兽形或人形的沟壑和裂纹。

自然力量不断侵蚀岩石，留下清晰可见的标记。在沙漠中，气温变化剧烈，极冷极热相互交替，使岩层表面碎裂剥落。但有时剥落的碎片并不全都掉到地上，乌卢鲁北面就有一道名为袋鼠尾的巨大石梁，像道扶垛墙般靠着陡峭的斜坡。

戈斯并不是最早发现乌卢鲁的欧洲人。在他发现乌卢鲁之前一年，探险家吉尔斯曾多次深入澳大利亚内陆，有次来到距乌卢鲁北面40公里的阿马迪厄斯湖畔，便看到了这块巨岩。他翌年重返旧地时，戈斯已登临过岩顶了。较晚的有澳大利亚冒险家兼作家大卫殉，她在澳大利亚内陆周游时也曾到过乌卢鲁，在她所著的《踪迹》一书中，描述了初次看到巨岩的印象：“这块巨岩有股笔墨难以形容的力量，使我的心跳骤然急促起来，我从没见过如此奇异而具原始之美的东西。”许多游人对此也与大卫殉具有同感，一块巨岩竟然激起这样强烈的情绪，真叫人惊讶不已。

要是对这块岩石和四周环境的神话和传说有点了解，上述印象便更有意义了。据土著传说，乌卢鲁是他们祖先在“梦幻时代”开辟的路径上留下的标志，“梦幻时代”是指天地形成的那段时期。在这段时期，乌卢鲁周围居住着兔袋鼠族和花杂斑蟒族。杂斑蟒族遭南方毒蛇部族攻击，兔袋鼠族的地母女神布拉利出手相救，喷出毒雾，击退侵略者。

在兔袋鼠族的传说里，也提到部族曾受威胁的事。敌对部族唱歌招来一头叫古本亚的恶毒野犬，扑噬兔袋鼠族人，幸好他们超凡的跳跃能力，逃过大难。对今天的土著来说，有关这两件事的证据仍可在乌卢鲁看到。毒蛇族人的躯体给绑成乌卢鲁的形状，而岩石旁的水痕则显示他们流血的地方。兔袋鼠族逃跑留下的足印就是岩石底部周围的一连串洞穴。

乌卢鲁每道裂缝对土著都有重大意义。土著都认为这块具象征意义的土地是祖先留给他们守护的，而乌卢鲁更是这块土地上最重要的部分。

在这些地方，衍生了不同的土著部族，各有本身的语言和历史，同时在沙漠上造成错综复杂的路径，这些就是“梦幻时代”的路径，对土著的生活、狩猎至为重要。此外，这些路径的位置和秘密凭借歌唱、绘画和庆祝胜利的舞蹈，一代代地传下去。

澳大利亚土著最早是五万年前从东南亚的岛屿迁至澳大利亚北部的。他们皮肤黝黑或深褐色，既不耕种又不牧畜，是游牧民族。分成六七百个部落，方言多达200～250种，各种方言差异之大就像汉语和法语一般。他们以捕猎动物为生，使用独特的狩猎武器飞镖和称为“乌麻那”的投矛器，此外还采摘水果和植物根茎。

每个部落都是由多个自治团体组成，每个团体是一个大家族，成员包括一名男子和他的兄弟妻儿等。女性享有平等地位，今天的情况和以往一样，不过两性各有自己祭祀的地方和仪式。在这些仪式中保存了“梦幻时代”远古英雄的神话、歌谣和祭礼舞蹈。每个英雄都与特定的植物、动物和其他自然物品有关。

土著在歌舞庆祝中，会表演这些英雄的事迹，舞蹈祭礼可达一星期之久。表演的多是男性，但也有些部族由女性担任，他们在脸上和身上涂上颜色，还在身上披戴一束束的草或羽毛。歌舞都属宗教节目，每人扮演角色，但长者备受尊重，原因是他们记得所有的歌曲和故事。长者还负责看管神圣的石块或木板，上面所刻的图纹都是代表这些故事的。这些石块与木板藏在洞穴中，在举行祭礼时才会拿出来。

澳大利亚风光

洞穴中的壁画也有类似的象征意义，并显示哪种生物代表某族或某人。这种以为人跟某种动物、植物，甚或一些无生物有密切关系的信仰，就是图腾崇拜。澳大利亚土著的图腾是半人半物。一个土著可能指着乌卢鲁的一个坑穴说这是“蛇人”，并宣称“这就是我的祖父”，一个土著男性永不会伤害或吃掉代表他图腾的生物。虽然妇孺甚至访客都可参加男孩的成长仪式以及葬礼，但其他宗教仪式则保密，任何人泄露仪式内容都会受到严厉处罚。从前违法的要处死，后来改由族人围绕违法者，向他的腿部掷刺长矛。

乌卢鲁对于当地的土著来说，不仅仅是一种美丽绝伦的地貌景观，更涵盖了悠长的文化与神圣的先祖双重意义。

## 石头森林之谜

亚利桑那沙漠，散布着数以千计亮如宝石的“圆木”。那不是木材，而是石头，有的倒在半山腰，有的伏在山脊，外形跟真正的大树没有两样，因为本来就是真正的树木，只是后来变成了石头。

1851 年，美国军官薛格列夫斯骑马经过亚利桑那州佩恩蒂德沙漠，在滚滚沙尘中偶然发现一片森林的残迹，那种景象是他前所未见的：散布四周的林木，外形跟一般树木没有差别，质地却是坚硬的石英结晶体。这个发现引起两个问题：沙漠干旱酷热，根本不容树木生长，这些坚硬如铁的残干断枝从何而来？即使树木曾经生存，树皮、树液和植物纤维又是怎样变为冰冷的石头的呢？

石林峡

当地的纳瓦霍印第安人相信，这一根根闪闪发亮的圆木，是传说中巨人叶亚苏的遗骨。派恩特印第安人则认为是雷神的箭杆。那其实是全球最大的石化森林，是大自然的产物。约二亿年前，亚利桑那沙漠是一片广阔的泛滥平原，火山环立，中央低洼又多沼泽。南部丘陵和火山坡低处，生长巨型针叶树，没有现今的郊狼、野猫和美洲獾，却有恐惧栖息其间。

那些树木，大多高 30 米左右，树干直径超过 1.8 米，少数体积比这还大一倍。石化森林中的圆木，有些就是这样大的，不过大都只剩残干断枝，想必在石化过程开始前裂开，或在露出地表的过程中断裂。

圆木呈现不同色彩，主要由于结晶过程不同。大多为纯石英，那是硅原子单独结晶所形成的。若掺杂其他矿物，则形成亚宝石，种类繁多，诸如紫晶、玛瑙、碧玉、缟玛瑙、光玉髓等。不管结晶体成分为何，在结晶过程中，原来树木细胞的形状都得以保留，因而形成石质树木，深埋地下，最深的埋在地下 300 米处。

要不是 6500 万年前地壳变动，这些圆木可能永远埋藏地里。造成落基山脉的地壳活动，也使亚利桑那这部分土地抬升，引起两种后果：地面积水退掉，针叶林的晶体遗迹升高；掩盖石化树木的沉积物、页岩和砂岩，

因风雨侵蚀而逐渐消失，石化森林慢慢显露出来。

这片石化森林主要分为五区，以圆木的主要色彩或成分命名：蓝方山、石英林、彩虹林、黑森林、碧玉林。碧玉林内，树干大都不透光。石化森林内有不少奇观，其一为“玛瑙桥”，浑厚的木材转化为天然石桥。玛瑙也是人工胜景“玛瑙星”的主要材料。林内人工胜景不多，“玛瑙屋”是一座用晶化干材建成的小屋，历史悠久。

在这个地区，除了被埋后得以重见天日的石化圆木外，还形成许多2亿年前动植物的化石。植物中以针叶树最普通，此外为苏铁科植物，外形像棕榈，叶子则像蕨类。恐龙化石包括貌如长吻鳄的植龙及形如犰狳的雕龙等。

这个地区年平均雨量仅23公分，大多为短暂急剧的雷雨。一场骤雨，可以把表土冲掉25厘米之多。随着表土流失，显露出来的圆木和化石逐渐增多。巨型爬虫动物雄踞地球时代的遗迹，一一呈现眼前。



## 骸髅海岸之谜

因失事而破裂的船只残骸，杂乱无章地散落在世界上一条最危险又荒凉的海岸线上。

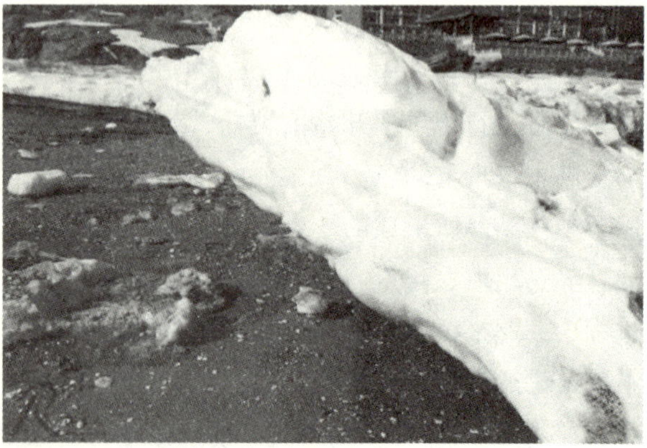

冰 海

在古老的纳米比亚沙漠和大西洋冷水域之间，有一片白色的沙漠。葡萄牙海员把纳米比亚这条绵延的海岸线称为“地狱海岸”。现在叫作骷髅海岸。这条500公里长的海岸备受烈日煎熬，显得那么荒凉，却又异常美丽。

1859 年，瑞典生物学家安迪生来到这里，感到一阵恐惧向他袭来，使他不寒而栗。他大喊：“我宁愿死也不要流落在这样的地方。”

从空中俯瞰，骷髅海岸是一大片褶痕斑驳的金色沙丘，从大西洋向东北延伸到内陆的沙砾平原。沙丘之间闪闪发光的蜃景从沙漠岩石间升起。围绕着这些蜃景的是不断流动的沙丘，在风中发出隆隆的呼啸声，交织成一首奇特的交响乐。其沿岸充满危险，有交错水流、八级大风、令人毛骨悚然的雾海和深海里参差不齐的暗礁，令来往船只经常失事。传说：有许多失事船只的幸存者跌跌撞撞爬上了岸，庆幸自己还活着，孰料竟慢慢给风沙折磨至死。骷髅海岸外布满各种沉船残骸。

1943 年在这个海岸的沙滩上发现了 12 具无头骸骨横卧在一起，附近还有一具儿童骸骨；不远处有一块风雨剥蚀的石板，上面有一段话：“我正向北走，前往 60 英里外的一条河边。如有人看到这段话，照我说的方向走，神会帮助他。”这段话写于 1860 年。至今，没有人知道遇难者是谁，也不知道他们是怎样遭劫而暴尸海岸的，为什么都掉了头颅。

1942 年英国货船“邓尼丁星”号载着 21 位乘客和 85 名船员在库内内河以南 40 公里处触礁沉没。全部乘客，包括 3 个婴儿，以及 42 名男船员乘坐汽艇登上了岸。

这次救援是最困难的一次，几乎用了 4 个星期的时间才找到所有遇难者的尸体和生还船员，并把他们安全地送回文明世界。这次救援共派出了两支陆路探险队，从纳米比亚的温德胡克出发，还出动了 3 架本图拉轰炸机和几艘轮船。其中一艘救援船触礁，3 名船员遇难。

1933 年，一位瑞士飞行员诺尔从开普敦飞往伦敦时，飞机失事，坠落在这个海岸附近。有一位记者指出诺尔的骸骨终有一天会在“骷髅海岸”找到，骷髅海岸从此得名。

在海岸沙丘的远处，7 亿年来由于风的作用，把岩石刻蚀得奇形怪状，犹如妖怪幽灵，从荒凉的地面显现出来。

在南部，连绵不断的内陆山脉是河流的发源地。但这些河流往往还未进入大海就已经干涸了。这些干透了的河床就像沙漠中荒凉的车道，一直延伸至被沙丘吞噬为止。还有一些河，例如流过黏土峭壁狭谷的霍阿鲁西布干河，当内陆降下倾盆大雨的时候，巧克力色的雨水使这条河变成滔滔急流，才有机会流入大海。

科学家称这些干涸的河床为“狭长的绿洲”。因为河床的地下水滋养了无数动植物，其种类之多使人惊异；湿润的草地和灌木丛也吸引了纳米比亚的哺乳动物来寻找食物；大象把牙齿深深插入沙中以寻找水源；大羚羊用蹄踩踏满是尘土的地面，想发现水的踪迹。

在海边，大浪猛烈地拍打着缓斜的沙滩，把数以百万计的小石子冲上岸边，带来了新的姿采。花岗岩、玄武岩、砂岩、玛瑙、光玉髓和石英的卵石给翻上滩头。南风从远处的海吹上岸来。对遭遇海难后在阳光下暴晒的海员，以及那些在迷茫的沙暴中迷路的冒险家来说，海风有如献给他们的灵魂挽歌。纳米比亚布须曼族猎人叫这种风为“苏乌帕瓦”。“苏乌帕瓦”吹来时，沙丘表面向下塌陷，沙粒彼此剧烈摩擦，发出咆哮之声。

入夜风止，沙漠冷却了，大自然怜悯这片饱受煎熬的土地，送来一阵迷漾的雾。雾慢慢地穿过海滩和岩石，给苦受阳光烘烤的动植物带来滋润和生机。沙丘背后，沙砾平原的色彩和生命力将雾的奇妙功能表露无遗。白天，干枯又没精打采的地衣倒伏在一粒粒细小灼热的沙砾上；但在雾的滋润下，地衣恢复了生机，给这片沙砾平原带来缤纷的色彩。



## 威德尔海的魔力之谜

威德尔海是南极的边缘海，南大西洋的一部分。它位于南极半岛与科茨地之间，最南端达南纬 83°，北达南纬 70°～77°，宽度在 550 公里以上。它因 1823 年英国探险家威德尔首先到达于此而得名。

“魔海”威德尔海的魔力首先在于流冰的巨大威力。南极的夏天，在威德尔海北部，经常有大片大片的流冰群。这些流冰群像一座白色的城墙，首尾相接，连成一片，有时中间还漂浮着几座冰山。有的冰山高一两百米，方圆二三百平方公里，就像一个大冰原。这些流冰和冰山相互撞击、挤压，发出一阵阵惊天动地的隆隆响声，使人胆战心惊。船只在流冰群的缝隙中航行异常危险，说不定什么时候就会被流冰撞坏或者驶入“死胡同”，使航船永远留在这南极的冰海之中。1914 年，英国的探险船“英迪兰斯”号就被威德尔海的流冰所吞噬。

在威德尔的冰海中航行，风向对船只的安全至关重要。在刮南风时，流冰群向北散开，这时在流冰群之中就会出现一道道缝隙，船只就可以在缝隙中航行。如果一刮北风，流冰就会挤到一起，把船只包围。这时船只即使不被流冰撞沉，也无法离开这茫茫的冰海，至少要在威德尔海的大冰原中呆上 1 年，直到第二年夏季到来时，才可能冲出威德尔海而脱险。但是，这种可能性是极小的，由于 1 年中食物和燃料是有限的，特别是威德尔海冬季暴风雪的肆虐，使绝大部分陷入困境的船只难以离开威德尔这个魔海，它们将永远“长眠”在南极的冰海之中。所以，在威德尔及南极其他海域，一直流传着“南风行船乐悠悠，一变北风逃外洋”的说法。直到今天，各国探险家们还恪守着这一信条，足见威德尔海的“魔力”了。

在威德尔海，不仅流冰和狂风对人施加淫威，而且鲸群对探险家们也是一大威胁。夏季，在威德尔海碧蓝的海水中，鲸鱼成群结队。它们时常在流冰的缝隙中喷水嬉戏，别看它们悠闲自得，其实凶猛异常。特别是逆戟鲸，是一种能吞食冰面任何动物的可怕鲸鱼，是有名的海上“屠夫”。当它发现冰面上有人或海豹等动物时，会突然从海中冲破冰面，伸出头来一口将其吞食掉。它那细长的尖嘴，贪婪地吞噬海豹和企鹅，其凶猛程度，令人毛骨悚然。逆戟鲸的存在，使得被困威德尔海的人大多难以生还。

绚丽多姿的极光和变化莫测的海市蜃楼，是威德尔海的又一魔力。船只在威德尔海中航行，就像在梦幻的世界里飘游。它那瞬息万变的自然奇观，既使人感到神秘莫测，又令人魂惊胆丧。有时船只正在流冰缝隙中航行，突然流冰群周围出现陡峭的冰壁，好像船只被冰壁所围，挡住了去路，似乎陷入了绝境，使人惊慌失措。霎时，这冰壁又消失得无影无踪，使船只转危为安。有时船只明明在水中航行，突然间好像开到冰山顶上，顿时把船员们吓得一个个魂飞九霄。还有当晚霞映红海面的时候，眼前常出现金色的冰山，倒映在海面上，好像向船只砸来，给人带来一场虚惊。在威德尔海航行，大自然不时向人们显示它的魔力，戏弄着人们，使人始终处在惊恐不安之中。正是大自然演出的这一场场闹剧，不知将多少船只引入歧途。有的竟为躲避虚幻的冰山而与真正的冰山相撞；有的受幻景迷惑而进人流冰包围的绝境之中。



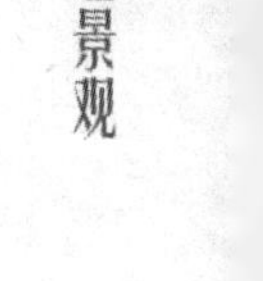

# 浮藻海是死亡之海吗

马尾藻海是海中之海，与其他海域截然不同。这片海域四周没有大陆包围，却环绕着大西洋的强大海流。此海域引起这么多传说和神话，令人产生许多幻想，究竟是什么原因呢？

海　藻

马尾藻海令一代又一代的海员心惊肉跳。有关船只为漂浮植物缠绕，水手被拖下海去淹死的传说，许多人都信以为真。时至今日，马尾藻海在海洋学和生物学方面，仍令人感到迷惑。自从远古欧洲和美洲两片大陆漂离后，两地的鳗鱼仍回到这里产卵。这片缓慢转动的海水位于百慕大群岛和背风群岛之间，面积约520万平方公里，有人将之比作巨大漂浮的海藻筏子，也有人称之为生物沙漠。然而这两种说法都不准确。虽然其中某些地方海藻长得很密，但也有许多地方是清澈的海水，而且在海藻中和海藻下栖息着许多奇特的生物，最奇怪的是马尾藻鱼，会以指状鱼鳍，抓住海藻枝条。

早在公元前5世纪已有关于浮藻、雾霭和离奇地无风无浪的传说，说明古代的水手可能到过马尾藻海。不过，最早见到这片海域的人，很可能是哥伦布及其船员。哥伦布于1492年发现美洲，当他的船队驶到一处海域时，极目望去尽是一团团的植物，水手细看那些橄榄色和金色的海藻，看到金海藻浮在水面，形如浆果、充满气体的气泡。这些缠成浮筏状的植物主要是马尾藻，有两点与其他海藻不同：第一，这些海藻不需附生在沿海岩石上，第二是以裂殖方式繁殖的。每颗在母体形成的芽都可以脱落，继续生长，不断繁衍。

给马尾藻海的食物链不断提供养分的就是这些马尾藻。由于这里海水温度太高，浮游微生物（巨大蓝鲸和鲱鱼的主食）不能生长。然而，在海藻周围却生活着一些特别的动物。

有些微小生物如细枝珊瑚和管虫，栖息在藻叶缝中，筛取海水中的食物。有些地方的藻叶看似长了霉，其实是苔藓虫，一种从热带到两极海域都可找到的微小动物，通常由受精卵发育而成，但在这里却跟其海藻寄主一样，是从母体脱离繁殖的。这些微小生物用茸毛把微生物拨入口中，要是吞下的食物过多，以致藻叶增加重量而不能浮起，苔藓虫就会沉到大西洋冰冷的海底死去。以藻叶为食的虾、蟹就不同了，当海藻叶开始下沉时，它们便爬到上面较安全的地方。

对这里的生物来说，伪装是生存的唯一手段。这里的虾身上长有白点类似苔藓虫，而细长的海龙看起来就像果囊马尾藻的分枝。不过以适应环境而论，最成功的要算马尾藻鱼了。这种鱼颜色似海藻，能突袭吞食长达20公分，跟自己一样大的动物，要是受到威胁，又会吞下大量海水，使身体胀得像个气球，吓退敌人。

马尾藻海的谜团之一，与欧洲和美洲鳗鱼的一生有关。20世纪初时，人类还不明白它们是到马尾藻海产卵的，即使到今天仍未能完全了解其生命过程。

在马尾藻海繁殖的不仅是鳗鱼。这里海水温暖，加上缺少浮游生物而没有大型捕食者，所以泥鳅、狗鱼和飞鱼都到此产卵，长串状的卵就黏附在果囊马尾藻上。但据生物学家所知，返回这片独特而又不住旋转的海水来找死的动物就只有鳗鱼。



## 红海之谜

谁也不知道，这个被称为“地球上最不寻常的大片水域”是怎样取名为红海的。据说：一年有几段短暂时间海藻生长旺盛，把平常淡蓝的海水染成不折不扣的红棕色，因而得名。其实，大漠上太阳西下，海中倒映出泛着红光的山峦，海面波平如镜，才是更有诗情的解释。

红　海

就地质年代而言，红海尚属年轻，大约4000万年前开始形成，那时地壳开始分裂，形成东非大裂谷。随着非洲和阿拉伯大陆板块分离，它们之间的地壳下陷，千万年来，海水逐渐淹没部分裂谷。板块运动持续不断，大致齐整的红海两岸以每年10公分的速度背向移动。这样的速度每百年仅达一米，没有迹象显示运动会停止，反而可能加速。迄今为止，红海与大西洋的变化几乎如出一辙。大约再过2亿年，红海很可能与大西洋大小看齐。

红海下的地壳运动，首先使红海的东西海岸线翘起分开，这意味两岸河水不再流入红海。再者，分离板块的沿线火山活动增多，导致水温上升至59%，这是地球表面最高的温度。

红海也比其他海洋要咸，含盐量4.1%（海洋平均含盐量3.5%，地中海3.8%）。大约在2500万年前，进入印度洋的通道仍未完全打开，流入尚在形成中的红海的水蒸发后形成辽阔的盐床。新近地壳隆起，搅乱了这些盐床，盐溶解在整个红海中。在热带阳光的强烈照射下，海水迅速蒸发，又增加了盐的浓度。河水不流入红海，加上每年热带沙漠降雨量仅约25公分，红海每年因此损失相当于1.8米深的水。如果不是印度洋通过曼德海峡向红海补充水，最终红海会变得完全干涸。其实，每逢隆冬，海平面降至最低点，沿岸的上层珊瑚礁会逐渐死亡。

沿着大裂谷，板块一边分裂，岩浆一边从地壳冒出，不断填补鸿沟。在一些温度特别高、盐度特别浓的深溶蚀坑，矿物质含量极高。科学家发现了15个这样的“深潭”，其重金属浓度竟为普通海水中的3万倍。据估计：仅在上层9米的沉积土中，所含的铁、锰、铜和锌总值为20亿美元，可能成为红海最巨大的财富。

目前，红海最丰富的宝藏是其蕴含的海洋生物。由于红海海水较暖，在陡峭的海岸边的狭长地带聚集着世界上最壮观的珊瑚礁。它们最初形成于6000～7000年前。迄今已辨别出177种珊瑚，其中许多通常仅在往南2500公里的赤道海域繁衍。在拥挤的礁区，有些地方宽仅3米，居然有20多种珊瑚密密麻麻地生长。这个礁区给上千种鱼提供了栖息的家园。

五彩缤纷的鹦嘴鱼牙齿发达，能咬碎珊瑚，摄取营养丰富的海藻。海星和海蛞蝓则在珊瑚礁表面爬行。隆头鱼科的鱼特别多，有50多种，大小各异，小巧的六条纹隆头鱼仅长2.5～4公分，巨型隆头鱼则长逾1.8米；隆头鱼在珊瑚崖较深的水域游弋，觅食软体动物和海胆。

和世界上其他地区的珊瑚礁鱼群一样，有些鱼演化出变性能力，因此生存机会最大。如果某一代的雄鱼奇缺，有些雌鱼到了成熟期会变大，色彩鲜艳，转化为科学家所说的超级雄鱼。到了繁殖期，超级雄鱼会吸引众多雌鱼进行产卵。它虽然会赶走其他超级雄鱼，但对于与雌鱼外貌相似的天然雄鱼却睁一眼闭一眼，这样两种雄鱼都能繁殖，确保了鱼种的延续。

海底世界争奇斗艳，与沿岸荒凉的陆地形成鲜明的对比。这片狭长的水域将横跨西非毛里塔尼亚与中国中部戈壁滩的大沙漠一分为二。大约2亿年前，红海只不过是亚非大陆中一小片洼地，今天却成了热带深海，将来也许会演变成辽阔的海洋。



## 血湖之谜

1988年春天的一个早晨，在西非喀麦隆，游人们惊奇地发现，平时碧蓝晶莹的耐奥斯湖突然变得一片血红。人们不由得拥过去想看个究竟，但瞬时惊呆了，眼前的一切惨不忍睹。

沿坡的草丛里到处躺着死去的牲畜，附近村里到处都是横七竖八的尸体，一片死寂。

在离耐奥斯湖较远的地方，人们找到了一些昏迷不醒的垂危者。从这些幸存者的口里，人们大致了解了惨案发生的经过。在前一天傍晚，突然从耐奥斯湖发出一阵隆隆的巨响，只见一股圆柱形蒸汽从湖中喷涌而出，直冲天空，高达80多米，然而又像一朵烟云一样，飘到山谷。同时，一阵大风从湖中呼啸而起，夹着令人窒息的恶臭，把云朵推向四邻的小镇，烟云所到之处，任何生命旋即死亡。

这件事发生后，科学家对湖水进行了分析研究发现：里面有大量的二氧化碳，还有许多其他有毒气体。这些有毒气体一旦释放，地面的生命便会死亡。这种分析是否具有科学道理，尚有待于进一步的研究，更主要的问题是，从海底喷射而出的蒸汽又是从哪里来的呢？为什么能释放出如此剧毒的气体？



## 艾尔湖之谜

这个咸水湖大约每十年才有一次湖水。大自然在这里演出了一个魔术。

艾尔湖虽叫湖，但不是湖，而是澳洲干旱腹地的两片巨大洼地。湖底大部分时间全部干涸，盖满盐层；湖的四周有一圈好像悬挂着白霜的矿物层。1858年，探险家沃布顿来到湖边，把这里的景象形容为“可怕的死寂”。湖四周是一片晒干的土地：北面是辛普生沙漠；东西两面是布满圆丘和风刻石的平原，很难通过；南面是一串盐湖和干涸的盐洼。在这片荒无人烟的地方，如能看到水的闪光，就足以使人惊喜不已。地平线上的水光往往是小盐池的闪光或者是39度高温热气所形成的海市蜃楼。然而旅行者偶尔也会遇到盼望已久的大片淡水。

艾尔湖

艾尔湖是澳洲最低的地方，湖底低于海平面15米。其集水面积大于法国、西班牙和葡萄牙的总和。湖分两部分，南湖较小，北湖较大，总面积约 9600 平方公里。两湖由 15 公里长的戈地亚渠连接。下雨时雨水从远处的山上流入干涸的河道，大部分的水沿途蒸发掉或渗入沙中。若雨下得很大，有些水最终可以流到艾尔湖，流程长达 1000 公里。

只要有水，艾尔湖就呈现生气勃勃。艳红色的斯图特沙漠豌豆等植物会突然抽出芽来，迅速开花结子，赶在水分消失前尽快完成其生命循环。雨水也使藻类复苏，使埋在泥中的虾卵迅速孵化，艾尔湖变成热闹的场所。不久鸟儿飞来，其中有野鸭、反嘴鹅、鸬鹚、鸥等，有些是飞越半个澳洲大陆前来的。它们吃河里的鱼虾。鹈鹕和长脚鹬在湖边造窝繁殖，一片喧闹，有时鸟窝竟多达数万个。

艾尔湖西面的石滩使最顽强的旅行者也望而却步。

每当艾尔湖注满时，光秃秃的湖岸便会繁花似锦，长满雏菊和野蛇麻草等植物。

来水中断后，湖水在高温下很快蒸发，盐分逐渐增加。各种动物都要争分夺秒，雏鸟须在湖干之前成长，学会飞行，一旦湖干食物缺乏，成鸟就会离开，把羽毛未丰的幼鸟弃下不顾。淡水鱼无法逃生，只能死在咸水中。最后，艾尔湖恢复原状，在湖底淤泥上盖着一层硬硬的盐壳，到处一片荒凉，又等待着新的雨季带来生机。

早期的欧洲拓荒者都认为澳洲中部可能有湖泊，甚至有浩瀚的内海。许多人不知道流往内陆的河流流到哪儿去了。

1839 年，25 岁的艾尔从阿德莱德出发，希望成为从南到北穿越澳洲的第一名欧洲人。他越过弗林德斯岭，来到盐湖区一个无法通过的巨大马蹄形地带，不得不折返。1840 年，他再次尝试，终于到达了现在以他的姓氏命名的艾尔湖。当时湖水虽已干涸，但湖底的淤泥使他无法继续前进。

其他探险家也有类似的经历，但他们不知道前方有一个大淡水湖。直到 1922 年，哈里根才从空中测绘了艾尔湖，发现北湖有水。但是，次年他徒步到湖边时，看到水少得只能勉强浮起一艘小船。

现已查明艾尔湖的确曾变成广阔的淡水湖，但只是每八至十年才出现一次。这种循环已经持续约两万年了。偶尔会连续两个夏季下暴雨。倘前一年的雨水浸透地面，第二年的雨水从山上流下时，地面的吸水量就较少，艾尔湖才可注满。



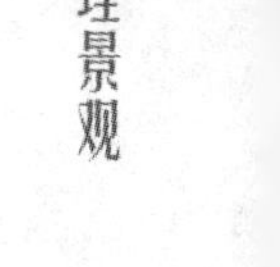

# 死海之谜

死海位于大裂谷北面的约旦谷的谷底，其水面比海平面低396米。大裂谷起始于约旦河上游，往南延伸穿过死海、红海和东非。死海有些地方深达400米，湖底几乎比海平面低800米。

死海西接干燥不毛的犹地亚丘陵，东临圣经中所记载的摩押和以东高原，沿谷底伸展约80公里，最宽处达18公里。

死 海

埃尔利垒半岛（舌头半岛）伸入死海之中，将其分为两部分。北半部较大较深；南半部平均只有6米深，矗立着白色的盐柱。

盐柱是300多万年前开始形成的沉淀层的顶部。来自约旦河及一些小河的河水在夏天50°C的气温下很快蒸发，留下泥土、砂石、盐和石膏等沉淀于海底。在多雨的冬季，每天有650万立方米以上的雨水流入死海。

如果海水不蒸发，水面每年将上升大约3米。但从20世纪初以来，水面其实已经下降。原因是气候改变，以及约旦和以色列从约旦河和其他河流抽水灌溉，使注入死海的水量减少。

死海几乎没有动、植物。只有少数单细胞生物可在其中生存，因为死海的含盐量比海水高六倍。由于不断蒸发，死海水面往往浓雾深锁。中世纪的阿拉伯人认为雾气有毒，因此鸟儿无法飞越。但是，一种被称作特里斯特兰八哥的椋鸟为死海带来了生气。这种鸟以英国博物学家特里斯特兰的姓氏命名，以湖岸四周的昆虫和野果为食。

死海除了含盐之外，还富含其他矿物质，如钾、镁、镍等。这些矿物质据说可用于治疗各种疾病，尤其对皮肤病、关节炎、呼吸道疾病具有显著疗效。死海里的黑色淤泥据说可以使皮肤变得细嫩。今天已从死海提取有用矿物质，加以利用。其实，早在公元四世纪当地人就提取沥青售予埃及人作为尸体防腐剂。自 1930 年以来，已提取钾盐用作农业肥料。

死海地区雨量较少，河流寥寥可数，偶有暴雨，就会形成急流，把岩石表面的沉积物冲入死海中。

死海这样一个面积不大且无生物的湖泊，在历史上却起过举足轻重的作用。在西岸，雄峙着玛萨达城堡。登上城堡即可俯瞰死海。因此，犹太国王希律曾以之作为防卫要塞。城堡最初由麦克比阿斯建造，后来希律王又加以扩建。玛萨达城堡北面，是艾因盖迪，意为“羊泉”。根据《旧约》记载：大卫被以色列王扫罗追捕时，就躲在艾因盖迪。因为该处有泉水，植物繁茂，是沙漠中的一片绿洲，据说还有大角羊和豹在那里栖息。再往北就是库姆兰山洞，古代犹太教徒曾把死海稿卷藏匿于此。稿卷记录的时间从公元前 3 世纪中叶至公元 86 年，其中有记载教士隐居的生活。

## 埃弗里波斯海峡之谜



世界各地的海洋潮汐，均有规律可循，并可进行潮汐升降涨退的预报，世界各地的海流，都有各自相对固定的路径、流向和流速，即使发生变化，也有规律可循。唯有埃弗里波斯海峡的海波、流向和流速变化不定，没有规律，变化的原因不明。当然也就无法进行预测。

著名的埃弗里波斯海峡，是位于希腊本土与希腊第二大岛——埃维厄岛之间的一条长长的海峡。自古以来，它就是个神秘莫测的地方。早在古希腊时代，大哲学家、科学家亚里士多德和许多的科学家就对这里奇异的水流产生了浓厚的兴趣，企图解开这令人迷惑的水流之谜。

原来，在埃弗里波斯海峡中部的卡尔基斯市附近，海水的流向反复无常，一昼夜之间往往要变化 6—7 次，有时甚至要变化 11 ~ 14 次。与此同时，海水流速可达每小时几十海里，这给过往船只带来了很大的危险。有时候，变幻莫测的海面突然变得十分宁静，海水停止了流动，然而可能不到半个小时，海水又汹涌澎湃、奔腾咆哮起来。也有的时候，海水竟能一连几个小时朝着一个方向奔流而去。

波斯海峡

继亚里士多德以后的2000多年来，许多国家的各方面专家，纷纷对埃弗里波斯海峡令人费解的水流进行了研究和探索，最终均一无所获。

不久前，希腊科学家提出：这种现象是地中海海水的自然波动、起伏所致。然而，这种看法早在古希腊时亚里士多德即已提出，并不是什么新的理论，更无法具体说明埃弗里波斯海峡水流异常的原因。



## 大盐湖之谜

大部分地方都有一个需要知道的主要特点。掌握了这个特点，其他枝节问题都可以迎刃而解。犹他州海拔约4500英尺的大盐湖就有它本身的特点。今天这个长75英里、最宽处有50英里的湖，只是过去一个内陆水体的残余。那时这个巨大的水体要比现在大20倍、深67倍，水量也比现在多好几百倍。1873～1940年，湖面降落了约16英尺，湖岸线有的地方推前了10英里。因此，露出的新地约有800平方英里，大半是有恶臭的淤泥滩或水潭以及与陆地交错的高地，杳无人烟、贫瘠荒凉、草木不生、难以通行，不过有些地方驾车也可以到达湖滨。

今天的大盐湖是个了无生气，甚至对人有害的地方。盐湖城离目前的湖边15英里。湖滨没有避暑小屋，也无人到那里去钓鱼，因为湖里无鱼可钓。盐度很高的咸水里很少有生物能够生存，只有几种绿藻和原生动物、一种小虾和两种苍蝇。

19世纪90年代，湖上有过一个消夏胜地，那是一座辉煌的大亭子，附有楼阁，建在一堵深入湖中1/4英里的长堤上。游人可坐蒸汽火车到达长堤尽头。这座建筑现已处于内陆地方，离目前的湖边有1/4英里远，而且部分已经毁于大火。

盐 湖

大盐湖从19世纪中叶到20世纪中叶减退得这样厉害，是由于湖面蒸发的水比从山涧与小河流入湖中的水多。20世纪40年代，差额倒转过来，流到湖里的水，开始超过蒸发的损失，结果使湖水逐渐升高。到了1950年，湖水已经升高到离19世纪中叶的湖面不足12英尺。从那时起，湖水又降了，但20世纪70年代中期，湖水剧升，到1977年，湖面扩大了一倍。

今天，一条铁路堤道把大盐湖分成了两个不相连的湖，盐度各不相同，差别极大。目前约有10%的淡水流入南湖，因此含盐浓度是16.7%。北湖所得的淡水少得多，含盐浓度是26%。

湖里的盐分是由注入盐湖的河溪带来的。河溪水里溶解的少量盐分和矿物质，则是从附近岩石和土里冲下来的。因为盐湖没有出口，水分只靠蒸发湖水逸出。水分蒸发后，留下溶解在水里的盐分矿物质。因此从犹他州山中冲下来的盐分，集中在这里成为藏在山中盆地里的一个小海。

在大盐湖游泳，饶有趣味。湖水含盐浓度高，在水中不会沉。头脚和双臂都能浮出水面，所以能在水上漂。从水里出来时，身上几乎立刻变得干爽，在皮肤上面留下结晶的盐。

这个古老的大湖，曾一度占有整个盆地。逐渐干涸后，在现今大盐湖的西面和南面，留下一片广阔无垠的沙漠。这片沙漠南北长160英里，向西延伸约70英里。茫茫一片，撒满几十亿吨盐，说不定是北美最难开垦的

自然环境。想徒步穿越大盐湖沙漠，无疑是去找死。这块寸草不生的平原上，虽然有一条公路，但是在这条公路上驾驶汽车，应该知道有50英里路的两旁既无别的道路，也无房屋。

公路在盐湖城西面约100英里处，从鲍尼维尔盐滩旁边经过。这是一个坚硬的白壳，长14英里、宽7英里，非常平滑，就像湖上盖着一层冰似的。那层“冰”当然是盐，汽车在这层盐的平面上飞驰，时速经常刷新世界纪录。在飞机上可以看到下面有条又长又直的黑线，那就是指示飞车的标线。这里没有看台，没有房舍，只有白茫茫的平原和附近的崇山野岭，一片荒凉的景象。

这片距离目前湖滨这么远的盐滩是怎样形成的呢？古代的湖床上，这一带比较低洼。湖水减退，洼地上留下一片盐度特高的湖水。湖水干涸后，只剩下坚硬、平坦、光滑的一层盐。

鲍尼维尔盐滩表面以下几英尺，现在还泡着水。类似灯芯的吸水作用，使盐层保持坚实，水分也能冷却盐层。在沙漠灼热的阳光照射之下，水泥道路很快就热得能把鸡蛋煎熟，可是盐层的温度通常总比气温低10度。

干旱时期，某些地方盐层下的水干涸，结果盐滩表面碎裂从而形成许多深坑。可是到了冬季，从附近高地流下来的水，往往会把盐滩淹没，盐层的表面松软之后，又恢复平滑。

我们怎么知道大盐湖沙漠整个地区在远古时是个大湖呢？山腰上留下的高水位线就是证据。这些高水位线极易辨认。最高的线比现在的湖面高1000英尺。水位线完全是水平的，所以非常显眼。专家已经辨认出20多条湖岸线。每条线都足以证明，湖水曾在那个水位，停留了几百年或几千年之久。

这个冰期巨湖地质学家称为“鲍尼维尔湖”，由周围群山顶上的冰冠融化出来的水汇集而成。大概在2万多年以前，鲍尼维尔湖的面积最大，那时湖水在西北方泻出，形成一条大河，沿着现在的蛇河与哥伦比亚河河系，注入太平洋内。

现在人们对这个大湖最关心的不是它在地质史上的各种成因，而是它在过去遗留下来的东西，究竟能在这里开采一些什么矿物。大盐湖水所含的矿物质，约是海水的7倍。地质学家估计，湖水含盐约60亿吨。除食盐、石膏和钾碱外，湖水中还含有许多硼、锂、硫、镁和氯等元素的化合物。

湖中最重要的矿物出产是镁盐。另一种重要的资源是锂。这种最轻的金属质地很软，可以用来制造滑润油、陶瓷、火箭燃料等。此外，医药科学工作人员最近试用锂化合物来治疗各种精神障碍。

开发这些资源的人，使用与湖中盐分通过蒸发逐渐聚积的类似方法。首先，挖掘一些浅蒸发池，用抽水机把盐水抽到里面。太阳和沙漠上的空气把水蒸发了以后，盐在池底沉积。把这些沉积物舀出来加以提炼，方法很古老，可是也有新的地方。现代工程师知道怎样控制这个程序，使溶液所含各种不同的盐类，包括最稀有的盐类在内，有条不紊地逐一分开，注入本身的池里。

这种程序有个显明的标志：一排蒸发池。这是一个盐场，较为精确的叫法，是一个用太阳能做动力的大工厂。最古老的盐场不在湖上而在盐滩上。那里有个盐场一直在提炼钾碱，用作肥料。钾碱是从鲍尼维尔湖在冰期中形成的沉积层里抽取出来。目前大盐湖湖边正在兴建别的工场，规模更大。

那种招人厌恶的垃圾就是这样突然变为宝藏。湖滨淤泥滩上，到处是盐场。从地面上看，看不见什么，但从空中俯瞰，实在是最大的人工景物。因为蒸发池中盐水的化学成分各有不同，在阳光照耀之下，各池露出独特色泽，有蓝、棕、银、紫、乳白等，看来像沙漠上的一块块巨大彩色玻璃窗。

即使在一个工业国里，大盐湖依然不失其奇妙的气氛。它是盐质沙漠边缘镶嵌着的一颗蓝宝石。



## 南极热水湖之谜

南极洲是世界上最冷的地区，素有“白色大陆”之称。可是，令人惊讶的是：科学家们在这个冰封雪裹的世界里却发现了一个水温很高的热水湖——范达湖。这个湖最深处 66 米，水温高达 25℃，盐类含量为海水的 6

倍多，氯化钙的含量高得吓人，是海水的18倍。南极干冷世界中出现的这一十分温暖的湖泊，给科学界带来了难解之谜。

日本、美国、英国、新西兰等国的南极考察队从各个不同角度对这一疑谜加以解释，各国争论不休。其中有两种学说颇为盛行，一种是“太阳辐射说”，一种是“地热说”。

热水湖

一、太阳辐射说认为：热湖来自太阳辐射的积蓄。夏天，当强烈的太阳直射湖面，太阳光中的短波光线透过冰层和湖水，把湖底、湖壁烘暖了，剩余的辐射几乎都被底层咸水所吸收、蓄积，湖面的冰层也产生一种“温室效应”，阻止了湖内热量的散发。而氯化钙这类的盐类浓溶液能有效地蓄积太阳热，南极热水湖恰恰就是这种盐类蓄热的巨大的天然装置。但持反对意见者认为：南极夏季日照时间虽然长，但阴天非常多，实际到达地面的辐射能很少，再说冰面又反射了90%以上的辐射能。在这种情况下，不可能使表面水温升得很高。另外，暖水下沉后，必然使整个水层的水温升高，而不可能仅仅使底层的水温增高。

二、地热活动说认为：范达湖距罗斯海50千米，而罗斯海附近有活动的墨尔本火山和正在喷发的埃里伯斯活火山，表明这一带地底岩浆活动是非常剧烈的，岩浆上涌现象很严重，受地热的影响，湖水的温度就会出现上冷下热现象。科学家们发现范达湖所在的赖特干侣区中并没有地热活动，这一学说也就宣告失败了。

这样一来，太阳辐射说就比较有权威了。这一学说的主力派的代表——美国学者威尔逊和日本学者鸟居铁经过多年的研究，提出了新的论点：他们指出，虽然南极阴天多，地面收到的太阳辐射能很少，但是冰是有一定透明度的，对太阳光有一定的透射率。这样，表面以下的冰层也或多或少会获得太阳辐射的能量。加上这个地区风特别大，冬天的积雪被风吹走，积雪层很薄，多为裸露的岩石，使得夏天地面吸收的热量增多，气候较为温暖。日积月累，表层及以下冰层的温度便有所上升，最后到了融化的程度。由于底层含盐度较高，密度较大，不会升至表层，结果就使高温的特性保留下来。同时，表层水冬天有失热现象，底层水则依靠上面水层的保护，失热微小，因而底层水温特别高。近来，人们观测到底层水温有缓慢升高的趋势，为这一理论提供了有说服力的依据。

持地热说者虽然没有站住脚，但也不同意威尔逊和鸟居铁的说法，认为上述说法有许多想象成分。例如：几十米厚的冰层究竟能透过多少阳光？这些透过冰层的阳光使冰层融化并使水温升到这样高的程度，有什么科学依据？如果事实真的像威尔逊、鸟居铁所说的那样，那么类似范达湖这样的湖泊就会有很多，可实际情况并非如此。持地热说者并不甘心自己的失败，他们正在寻求新的论据。看来，争论仍在继续，南极热水湖疑谜还有待揭开。

## 巴西的多维多河之谜



1909 年，一支由多人组成的探险队在巴西西部的马托格格索大森林西端，发现了一条从未在任何地图上标出的河流，它越过丛林，奔腾着注入亚马孙河最大的支流——马得拉河。探险队的成员们为此感到非常好奇，他们决定对这条新发现的河流进行勘察，以便搞清楚它是一条什么样的河。然而，经过一番努力，探险队除了知道它是一条由西北往赤道方向奔流的河之外，对它的长度、发源地、沿途经过、转向和附近生活的人群仍然一无所知。这条没有名字的河流依然像以往一样，寂寞而又不知疲倦地奔波在固定的旅途上。

1913 年 10 月，美国历史上最年轻的总统罗斯福在儿子克米特的陪同下，乘船到南美探险。他们来到巴西后，原本只打算在巴西的丛林中为美国的自然历史博物馆采集一些动植物标本，但当他们听了“无名河”的故事后，就临时改变了计划，决定对“无名河”进行勘探。罗斯福研究了一

亚马孙河

下当地的地形和环境，立即着手组成了一支20人的探险队，成员包括生物学者约翰·朱利，巴西印第安事务局局长康德多·伦敦上校，几名巴西陆军军官，数十名印第安水手和一名医生。罗斯福亲自担任探险队长，开始对这条无名水道进行勘探。

1914年2月7日，探险队开始沿着巴拉圭河溯河而上，在越过巴西高地之后转向“无名河”下游进发。当时恰逢雨季来临，他们进入“无名河”不久就遇到了暴雨，凶猛的雨水使河水迅速上涨，他们乘坐的独木舟在湍急的河流中左冲右撞，很快就如同脱缰的野马，失去了控制。独木舟顺着奔腾的河水一直向下冲去，无法停下来。水中的旋涡使他们好几次险些遇难，紧接着他们又碰到了两个不算小的瀑布，也差点要了他们的性命。最后他们终于在水流平稳之处停了下来了，清点损失的时候发现这一路共有3条小船被激流冲走，2人死亡，1人失踪，随身携带的仪器很多都遭到不同程度的损坏，粮食也丢了不少。就连罗斯福本人也腿部受伤，身染重疾，体重足足减少了25公斤，险些丢掉了老命。

好容易摆脱了激流，然而很快他们就发现，他们又陷入了新的危险之中。在平稳的水流下面隐藏着无数的噬血成性的鱼——鳄鱼，罗斯福的爱犬首当其冲地成为了食人鱼的牺牲品。在接下来的行程里他们无论是行船，洗澡还是在河中洗涤，都要时刻注意以免受到食人鱼的突然袭击。在经历了一个多月的艰苦跋涉与航行后，4月16日早晨，当他们沿着河岸向前走时，一名水手突然兴奋地大声叫道：看哪！大家随着他手指的方向看去，在河岸深处的密林中，隐隐看到一间用椰子叶搭成的屋顶，大家不约而同地喊道：有人！一时间他们欣喜若狂、泣不成声。一个多月了，除了他们自己，没有再见过其他的人类，没有睡过一个踏实觉，在与激流、鳄鱼的搏斗中个个衣衫褴褛、形销骨立，犹如原始人一般。在林中的小屋略作停顿后，他们乘着独木舟继续顺流而下，沿途又见到了许多的小屋和当地的居民。在经过详细的询问后，他们得知当地的居民在这条河流边已经居住了8～10年，这条河也并非无名河，它的名字叫“德欧多勒河”。

惊讶之余所有的探险者都感到很奇怪，这里有这么大的一条河，为什么从来没有地理学家知道它？而这里的居民在这里生活了这么久，也从来没人画出一张地图来标明它？

又经过了半个多月，探险队终于走完了长达1500英里的无名河，进入了巴西西部的玛瑙斯港。他们将这条从来没有被人开发过的河流标在了南美地图上。如今，这里因为峡谷多、水道险而闻名于世。被称为罗斯福河。

## 恒河之谜

浩渺的恒河污染严重，但在印度教徒眼里，恒河水是地球上最圣洁的水，能洗净虔诚的朝圣者充满世俗罪孽的灵魂，免得死后轮回，要重返千磨百难的人间。

印度教徒把恒河看作净化女神恒珈的化身。她原先在天国中流淌，帕吉勒塔国王为了净化祖先的骨灰，将她带到人间。她如果直接落下，会冲走地上的人类，为了将水分流，她首先在湿婆的头顶落下，然后顺着她纷乱的头发形成涓涓细流。现在，每年都有朝圣者不辞劳苦，长途跋涉来到恒河，有的拖着病体，有的奄奄一息，都希望喝了恒河水，又在圣水中沐浴之后，能洗净自己的罪孽。他们这种信念起源于河水的降温作用。许多印度教的习

恒　河

俗都建立在这样的信仰上：权力即酷热，如果说权力是邪恶的，那么用水给它降温会使它失去作用。印度教徒还相信，如果他们在河边火葬，然后把骨灰撒在河里，他们的灵魂就再也不用转世，而是升上天堂。

恒河的源流从喜马拉雅山脚下名为牛嘴的冰洞流出，在阳光下闪闪生光。这是印度最神圣的河，称为帕吉勒提河。这条精力充沛的河流穿过加瓦尔山间的一个深谷，流经矗立的松树林、吐着芳香的雪松林和鲜红的杜鹃花丛，来到代沃布勒亚格城。

巍然耸立的悬崖下，帕吉勒提河汹涌的河水与平静的阿勒格嫩达河水交汇，构成真正的恒河，以更庄严的姿态流向赫尔德瓦尔城。这是恒河流经最神圣的地点之一。每年春天，逾十万印度教徒在此庆祝恒河诞生。他们用树叶折成小船，里面放满浸过酥油（纯净奶油）的万寿菊花瓣，然后将它点燃，把船放入水中，随波逐浪而去。

离开赫尔德瓦尔，恒河继续东行，至安拉阿巴德，在此有一小段与亚穆纳河连接，两河的连接点桑古米亦被印度教徒视为神圣之地，每年都要为它举行多姿多彩的节日庆祝活动。周游四方的僧人由号手和吹笛手陪同，骑在用羽毛与各种饰物打扮得五彩纷呈的骆驼和象背上，穿街过巷。

瓦拉纳西，过去称为贝拿勒斯，是恒河沿岸最神圣之地，也是印度最古老的城市，恒河水在这里流过沿岸约 3 公里长的著名台阶。老弱病残的朝圣者希望自己能死在瓦拉纳西，因为在此，恒河会将印度教徒的灵魂从令人厌倦的轮回转世之中解脱出来。在著名的马尼卡尔尼卡火葬台阶上，人们堆起檀香木柴焚烧尸体，期间世袭的火葬场管理员日夜看守，僧人则在河边彻夜吟唱古老的叙事诗。

就在巴特那下面，恒河又转而南行，在三角洲的端部，即法拉卡坝附近改称为帕吉勒提河。东面的支流仍然叫恒河，流过孟加拉姆；西面的支流则改名胡格利河，这段水域以凶险著称，许多水手、船员曾在此葬身水底。印度最大的城市加尔各答及其卫星城亦被视为圣地，坐落在胡格利河两岸，延伸约 80 公里处。壮丽的恒河最终来到孟加拉湾，分别注入三角洲大小河口和孙德尔本斯沼泽地区。

恒河仅长 2500 公里，算不上世界上最长的河流，尼罗河和亚马孙河均比它长一倍。但是，没有任何河流比它更受人尊敬、更令人受激励。对印度教徒来说，恒河之水成为他们到达极乐世界的桥梁。

# 尼罗河之谜

尼罗河像一条长长的丝带，蜿蜒数千里，穿过赤道沼泽与丛林，横越炎热干燥的沙漠。肥沃的河水孕育了世界上一大文明，直到今天，仍然是沿河居民赖以为生的命脉。

尼罗河

6000 多年以来，尼罗河给一个以荒凉贫瘠的沙漠为主的国家带来勃勃生机。在古埃及人眼里，它是再生与永存的象征，河边满布各种名胜奇观，令人浮想联翩。古埃及人视尼罗河为他们所独有，但这条缎带般的大河并不仅仅流经这个国家，它发源于非洲中部，经过漫长旅程，最后流入地中海，流程达 6670 公里。

尼罗河有好几条源流，最远的源流名为卡盖拉河，发源于蒲隆地，流入维多利亚湖。尼罗河起始于乌干达金贾附近，然后注入基奥加湖。从此处开始的一段称为维多利亚尼罗河，流经沼泽植被，从卡巴莱格（默奇森）瀑布上夺崖而下、一泻千里，随后进入艾伯特湖。从此处流至尼穆莱的一段称为艾伯特尼罗河。河水流入苏丹之后，叫白尼罗河，最终流过萝德沼泽，那里漂浮着结成大块的纸莎草茎、凤眼蓝和水草，宽约 320 里，长约 400 里。由东南流来的一支称为青尼罗河，源自埃塞俄比亚高原的塔纳湖，湍急的河水在喀土穆汇入白尼罗河，只见灰蓝色的水与白尼罗河灰白色的水交汇，煞是好看。

在苏丹往北大约320公里处，源自埃塞俄比亚的阿特巴拉河亦与尼罗河汇合。尼罗河浇灌了非洲大陆几达1/10的土地，最后经埃及奔向大海。它首先经过卡塔拉克特，形成一连串急流，这段水流湍急，从这里至纳赛尔水库不能通航。该水库由阿思温大水坝截流而成。尼罗河到达埃及后就成为滨河人民赖以生存的命脉及交通要道。

古埃及时期，每逢仲夏和初秋，尼罗河就会泛滥，洪水过后留下肥沃的淤泥，农业得以发达。古埃及人可能是灌溉农田的先驱：他们沿着泛滥平原筑起土坡，分隔成一排排蓄水池，以蓄水数周；待河水退却，池水缓缓排出，留下肥沃的淤泥，可以种植农作物。现在尼罗河水由一组大坝及灌溉系统控制，其中著名的有阿思温大水坝，横跨两岸的坝顶近4公里，底部厚980米，高110米。现在一年四季都可进行灌溉，但没有了一年一度的洪水泛滥，那些曾经令尼罗河河谷变得肥沃的淤泥会在纳赛尔水库底大量沉积。

尼罗河有许多神话传说。主宰它的神叫作哈皮，掌管粮食和鱼。哈皮住在阿思温山脉下一个地洞里，由许多巨蛇护卫，它每年从一个无底罐倒出洪水。古埃及人每年都举行献祭仪式，以确保哈皮倾侧无底罐的角度得当。角度过大，土地会完全淹没，角度太小，则会造成旱灾，继而闹饥荒。罗马梵蒂冈博物馆里放着一座哈皮雕像，围着它的还有它的6个孩子。这尊哈皮雕像代表古代一种信仰：如果一年一度的洪水泛滥达不到这些孩子高度的总和，即16腕尺（约7.5米）高，就会歉收，饥荒随之而来。

奥西里斯神的生、死、再生的神话反映耕作与收获这种周年循环的重要性。据说，他一直统治埃及。有一天，他恶毒的兄弟塞特谋害他，将他的尸体剁碎，扔到全国各地，奥西里斯的妻子爱色斯一路追寻这些尸体残块，然后重新拼接，使她的丈夫复生。他们生了一子以后，奥西里斯离开了人间，当上阴间的君王。这个故事具有象征意义，奥西里斯代表尼罗河，爱色斯代表土地，他们的联姻是水土之交汇，带来收成。塞特代表沙漠热风，蒸发河水。奥西里斯遇害时，河水干涸；爱色斯找到奥西里斯的尸体并使之复生时，河水则开始泛滥；当奥西里斯向爱色斯授精，产生新生命和希望时，河水溢过两岸，给田野带来肥沃的养分。

尚武法老拉美西斯二世在公元前3世纪统治埃及66年，他可能就是圣经《出埃及记》中那个法老。现在埃及残存的庙宇几乎有一半是他下旨建造的，其中有许多是用来颂扬他从赫梯人手中夺回埃及的亚洲帝国。但是，最杰出的建筑成就要算在岩石上雕琢出来的庙宇阿布辛拜勒。

沿着尼罗河还留下了拉美西斯许多遗迹，在底比斯古都的四周有许多，其中包括世界上最令人惊叹的庙宇之一——凯尔奈克奉祀底比斯之神，即公羊头的阿蒙，庙宇遗迹占地达两公顷。此外，还有狮身人面像、神殿、庙宇和一个圣湖。紧挨凯尔奈克的是卢克索，也是奉祀阿蒙的。卢克索尼罗河的对面，称为帝王谷。这里埋葬了第十八王朝（公元前1570年至前1342年）的许多法老。埃及最著名的基沙大金字塔就坐落在开罗附近，紧靠尼罗河三角洲。

现在，尼罗河两岸的农耕、渔业及其他日常活动证实了古代那种生存节奏，从法老时代以来很少改变，丰收与饥荒、生与死，就这样周而复始。

## 伊瓜苏瀑布之谜

在巴西与阿根廷接壤的一角，有一排气势澎湃的瀑布。这些瀑布的宽度加起来将近尼亚加拉瀑布的四倍，其高度则超过尼亚加拉瀑布30米。这些瀑布，一字排开，约有24公里宽，自巴拉那高原的边缘，直泻82米之下的魔鬼咽喉峡。峡口岩石上飞溅起团团白雾，展现道道彩虹，瀑布的轰鸣声在24公里外也能听到。

美国总统罗斯福的夫人参观这一奇景后说："我们的尼亚加拉瀑布与这里相比，简直像厨房里的水龙头。"瑞士植物学家乔达特（1865—1934）形容伊瓜苏瀑布之雄伟壮观时说道："我们站在瀑布下，仰望头上269英尺的高处，那一排排与天相接的波涛，像整个大海倾进无底深渊，实在惊心动魄。"



伊瓜苏瀑布是由约275道小瀑布组成的，小瀑布之间是些长满树木的岩石小岛。瀑布从凝固熔岩和玄武岩之类的坚硬火山岩构成的高原流来。这些岩石不易侵蚀，经得起水流的冲刷，迫使水流在岩石间狭窄的水道通过，构成一个个岩石小岛。有些小瀑布从峡谷边缘一泻到底，但有些则拾

伊瓜苏瀑布

级而下，溅起阵阵水花。所有瀑布泻到谷底汇为汹涌急流，奔向南边22公里半的巴拉那河。

在南美洲，只有亚马孙河和奥里诺科河比伊瓜苏河宽。伊瓜苏河大部分河道的宽度在450~900米之间，河水至此变成伊瓜苏瀑布。河水水位的升降以及瀑布的流量，取决于整个流域降雨量的季节性变化。每年11月至第二年3月为雨季，河水猛涨，瀑布每秒钟泻入魔鬼咽喉峡的流量近1360万公升，足以灌满6个奥运标准游泳池。每年4~10月为旱季，流量大大减少，泻入峡谷的流量每秒只有330万公升。大约每40年会出现一次极度干旱的情况，河流完全干涸。上一次是在1978年，当时瀑布只剩下无水的悬崖，干旱持续了一个月，才出现细流，这是瀑布快要复苏的信号。

在瓜拉尼语中，伊瓜苏是“大河”的意思。操瓜拉尼语的印第安人世代都居住于这个水源充沛，热带植物繁茂的世外桃源中。根据印第安传说，伊瓜苏河附近的森林中有一位神祇，伊瓜苏瀑布就是它的一次复仇行动造成的。它在情场上败于武士卡罗巴之手，卡罗巴用独木舟载着神的情人奈普尔顺流而下，神大发雷霆。为了阻止独木舟走得太远，它劈开了河底的土地，造成了这条瀑布。

1541年，西班牙探险家德维卡带着280名士兵从巴西海岸前往巴拉圭的新建城市亚松森时，“发现”了伊瓜苏瀑布。其实，印第安人很早以前已在这里居住。按照当时的习惯，德维卡把这个瀑布命名为“圣母玛利亚”瀑布，但不久又改用瓜拉尼的旧名。德维卡对这一发现无动于衷，他记述这次探险经历时只提到：“伊瓜苏河波涛汹涌，独木舟被水急速冲向下游，由于前面有巨大的瀑布，必须把独木舟拖上岸来，在陆地行走，以便绕过瀑布。”

然而，这里显然给植物学家乔达特留下了深刻的印象。当他看到这里种类繁多的植物时，大为雀跃地说道："在大片茂密森林中，几乎全是热带植物，有巨大的蕨类植物、竹、姿态优美的棕榈和上千种树木，树冠高大，俯瞰山谷，上面生长着苔藓、粉红的海棠、金色的兰花、鲜艳的凤梨和藤蔓。"

20 世纪初，巴西和阿根廷各自在瀑布两侧建立了国家公园，以保护这里丰富的热带和亚热带生物。树上栖息着鹦鹉等鸟雀，雨燕则在瀑布上陡峭的悬崖间做窝，并在水面低飞捕食昆虫。这里的昆虫极多，包括几百种蝴蝶，有些蝴蝶的翅膀有手掌般大。除此之外还有许多哺乳动物，如豹猫、美洲豹、貘、三种鹿和两种西揣（属河马科）。从巴西一边观赏，整个瀑布尽收眼底；但从阿根廷一边，观赏者可自由穿越瀑布，或爬到瀑布底下，观赏瀑布的壮丽景色。伊瓜苏瀑布气势雄奇，塑造出一幅奔放未驯的原始美景，令人赞叹不已。

## 莫赫陡崖之谜

爱尔兰大部分土地温柔地覆盖着一片绿油油的田野、小山、浅水湖和溪流。莫赫陡崖的地貌在爱尔兰是最险峻的，有别于岛上柔和的景色。黑糊糊的峭壁成锯齿状，像六角形手风琴似的陡峭岩石在大西洋中隐现，沿着克莱尔郡海岸延伸八公里。

莫赫陡崖并不优美，既无草坡、花朵，又无砂质海湾。它从海角耸立，高达 200 公尺。虽然大西洋的狂风巨浪不停地猛击它的基底，但它似乎经受得住这种冲击，一直屹立不倒。

海浪一浪接一浪，撞碎在峭壁上，激起狂乱的浪花。除了在平静的日子，只要人畜冒险走近悬崖绝壁，就会给西风搅起的盐雾弄湿。大西洋的这个角落的确令人望而生畏。

站在峭壁顶上令人感到阴森可怕。崖下犹如被搅动的大锅，海浪拍岸的咆哮声被如泣如诉的风声盖过，崖上鲜能听闻；酷爱尖叫的海鸥在峭壁前盘旋翱翔，似乎也显得哑然无声了。只有当它们乘着突然刮起的阵风向上高飞时，才能听到尖锐刺耳的叫声。

悬 崖

在狂风暴雨之日，不列颠群岛荒凉无比。在崖底边缘，一层厚厚的咖啡色飞沫把石屑抛向高空；雨云令壁面显得乌黑；暗灰色的海面上白浪层叠，弥漫着一片银灰色。

这一带峭壁正慢慢地一点点崩溃。偶尔峭壁上会有一段岩壁坠落海里。这是由于雨水浸透松动了峭壁顶部的土壤，以及海风里的盐分腐蚀了壁面造成的。悬崖的灰岩基底（是无数细小海洋生物的骨骼）是在三亿年前堆叠起来的。数百年来，越来越多颜色各异的砂岩和页岩沉积在海里。多次的大陆移动把沉积物逐渐推上表层。

可以想象早期的爱尔兰诸神在塑造这些悬崖时所起的积极作用。当都柏林作家普伦基特在《她佩戴的宝石》中写道：“薄雾朦胧中，悬崖就像发狂的神在做噩梦；而每当天气晴朗，尤其在日落时，那一带峭壁就进入了神话和地狱的境界。”在某个时期，古爱尔兰的众英雄（不论是现实中的还是传说中的）必定会在崖顶昂首阔步。例如“莫赫”这个名字是指莫泰尔的古代海岬堡垒。这个堡垒是公元前住在女巫角的人建造的，其废墟在拿破仑战役中不幸被拆毁，取而代之的是一个信号塔。

据说靠近悬崖正面的一部分岩石很像一个女人坐着看海。当地人说她是变成了石头的老妖梅尔。梅尔曾沿着庐普角向海岸迈进，以追求阿尔斯特的英雄卡查莱恩。传说她就在那里踱步失误掉进海里淹死了。悬崖最北端称为马驹悬崖。传说有马驹也是在这个地方踱过峭壁，原因不详。

现在游客可从峭壁的任何一端靠近莫赫陡崖，并可轻松地走上通向峭壁顶峰的路，更可在一天之内从绝壁折返。原来这路是在一层黑色页岩上铺着的平整短草坪，所以令人行走方便。

陡崖从南部120米高的女巫角逐渐向北升到最高点，以奥布赖恩塔作为标记。再向北看，沿着陡崖的岩架正好成了野山羊冒险下崖的路。这条路一直向下倾斜至都林渔村的一个沙湾。

从北端走近峭壁时看到的景色最为壮观。一条布满沟缝的小路铺满巨大的灰岩石板，一直通往奥布赖恩塔。当地的地主奥布赖恩爵士在1835年请人建造了一个塔，作为观景和喝茶之所。19世纪的游客费尽全力登上此塔后，可坐在塔内的圆桌旁，一边欣赏笛手吹奏美妙音乐，一边享用茶点。

奥布赖恩选择此地建塔显然是因为这里的景色无与伦比。向北，如人一般大小的巨砾铺满了下面卵石海岸，但是从崖上俯瞰，巨砾像鹅卵石。在最北端那镶上红边的峭壁以外，远远地挺立着一列名为“康尼马拉的十二颗钉”的圆锥形山峰。再向南看，有一座灯塔独自竖立在庐普角上，那是克莱尔郡西部尖端处。它的背后是朦胧郁苍的克里山脉。

细看西面风光，只见塔下一条嶙峋的浪蚀岩柱，高达60米，曾是陡崖的一部分，但经过暴风雨长期侵蚀，只剩下远看犹如手指般短的岩柱。用塔上的双筒望远镜对准附近的悬崖正面观望，可见一群海鸟，有三趾鸥、海鸠和尖嘴海鸦在奇窄无比的岩架上筑窝栖息。还有歇在黝黑岩石上的黑渡鸦、红嘴鸦。它们有时乘着上升的气流来回翻滚，犹如表演杂技，从容自若。

然后，远眺浩瀚的大西洋，只看见海上阿伦群岛那三个鲸鱼背似的小圆峰，不停地击碎着起伏不定的浪涛。在风和日丽的日子里，这些银灰色的岩石在阳光下闪耀着迷人的风采；暴风雨来临时，它们却变得漆黑险恶，仿佛会突然心血来潮，横渡南桑德而围攻爱尔兰。不过，幸有莫赫陡崖如堡垒般矗立着，保卫海岸，爱尔兰才得以高枕无忧。

在莫赫陡崖东北方有一片荒凉之地，石头处处，称为巴伦高地，面积260平方公里，是巨大灰岩地带，灰岩成皱褶状阶地，向上爬升至埃尔瓦山，此山高345米，顶部由页岩构成。约15000年前，冰雪把该处冲刷得歪歪斜斜，成了欧洲一个最年轻的地貌。

有一位将军勒德洛对巴伦的外貌描述得最为恰当，他说：“那里无足够溺死人的水，又没有供人上吊的树，更乏埋葬死人的泥土。”但是它有牧场和松林，而且石阶上到处都有已扎根的榛木和刺柏。

在这片灰岩上，交错的裂缝组成格子图案，生长着上千种植物。这些植物奇迹般地在这一小块一小块土壤中扎根生长，使这片阶地成为植物热爱者的天堂。温和潮湿的气候和岩石的庇护，使地中海植物和高山植物在此茁壮茂盛地成长。初夏时分，岩面显得生气勃勃，老鸡草和春龙胆等把它点缀得多姿多彩。

雨水并非从石面溜掉，而是漏进石缝向下流，雨水不断侵蚀岩石，形成无数槽沟和海蚀洞。有时水向上涌，形成短暂湖泊，称为冬湿夏干沼泽地。探坑者勘察了绵延几公里的弯曲隧道。这些隧道一直深入至埃尔瓦山旁。向公众开放的阿威洞，有 1000 米长的通道，通向遍布钟乳石和石笋的地下洞穴。

从石墓、堡垒等遗迹可证实，人们在这些独特的岩石园里已居住了数千年。有科学家认为，由于史前时期，人类砍伐林木，引致侵蚀，岩石因而变得寸草不生。

# 华夏谜题篇

# 真的存在天池怪兽吗

天池水面海拔 2194 米，面积 9 平方千米，湖内深达 373 米，平均水深 204 米。它的水温终年很低，夏季只有 8 ~ 10C°。从科学的常规看，这里自然环境恶劣，地处高寒，水温较低，浮游生物很少，水中不可能有大型生物。

然而，1962 年 8 月，却有人用望远镜发现天池水面有两个怪物在互相追逐游动。

天　池

1980 年 8 月 21 ~ 23 日，人们再次目睹了水怪。21 日早晨，作家雷加等 6 人在火山锥体和天文峰中间的宽阔地带发现天池中间有喇叭形的阔大划水线，其尖端有时露出盆大的黑点，形似头部，有时又露出拖长的梭状形体，好似动物的背部。9 点多钟，目击者们又一次见到三四条拖长的划水线，每条至少有 100 米长，这样的划水线，如果没有快艇的速度是不会形成的。翌日早晨，五六只“水怪”又突然出现在湖面上，约 40 分钟后才相继潜入水中。23 日，5 只怪兽又出现在距目击者 40 多米的水面，这回人们清楚地看到，怪兽头大如牛，1 米多长的脖子和部分前胸露出水面。水怪有黑褐色的毛，颈底有一白底环带，宽约 5 ~ 7 厘米，圆形眼睛，大小似乒乓球。惊慌的目击者边喊边开枪，可惜都未击中，怪兽潜水而逃。

此后，人们又分别在 1981 年 6 月 17 日和 9 月 2 日再次目睹了怪兽。《新观察》的记者还拍下了我国唯一的一张天池怪兽照片，证明怪兽确实存在。

然而，对天池水怪持否定态度的人认为：天池形成的时间并不长，最后一次喷发（1702 年）距今只有 279 年，是不可能有中生代动物存活的，况且池中缺少大型动物赖以生存的必要的食物链，无法解释此类大动物的食物来源。

1981 年 7 月 21 日，朝鲜科学考察团在池中发现一只怪兽，他们依据观察和摄影资料，判断怪兽是一只黑熊。而中国一位科学工作者提出质疑，认为人们所见的水怪与黑熊的形态有很大区别，且黑熊虽然能游泳却不善潜水等，因此并不能解释“天池怪兽”之谜。

于是，有人又提出“怪兽”很可能是水獭。水獭身体细长，又善潜水，可在水下潜游很长距离。它为了觅食而进入天池，被人们远远看见，加上光线的折射，动物被放大，于是成了人们传说中的“天池怪兽”。

还有一种观点认为：天池中常有时隐时现的礁石从水中浮现，也如动物一样有时露头伸出水面，有时沉入水中。还有火山喷出的大块浮石，它在水中漂浮，在风吹之下也一动一动地在水面浮动，远远看去，也如动物一样在水中游泳。

难道许多目击者产生的都是同一错觉吗？如果不是，天池怪兽又是什么呢？它又是如何演变来的呢？



## 高原地热现象之谜

南起喜马拉雅山，北抵冈底斯山和念青唐古拉山，从西陲阿里向东经过藏南延伸至横断山脉折向南，迄于云南西部的强大地热带的形成，和年轻的喜马拉雅造山运动密切相关。我国科学工作者把它叫作喜马拉雅地热带。在这条地热带内有热水湖、热水沼泽、热泉、沸泉、汽泉等地热显示类型，还有世界上罕见的水热爆炸和间歇喷泉现象，是什么原因导致了这

些现象呢？

在喜马拉雅地热带内一共找到11处水热爆炸区，其中以玛旁雍热田最为典型。据目睹者介绍，1975年11月在西藏普兰县曲普地区发生了一次水热爆炸，震天巨响吓得牛羊四处逃散。巨大的黑灰色烟柱冲上天空，上升到大约八九百米的高度，形成一团黑云飘走。爆炸时抛出的石块直径达30厘米，爆炸后9个月，穴口依然笼罩在弥漫的蒸汽之中。留下了一个直径约25米的大坑，称为圆形爆炸穴，穴体充水成热水塘，中心有两个沸泉口，形成沸水滚滚、翻涌不息的湍流区。泉口温度无法测量，但热水塘岸边的水下温度已高达78℃。

高原地热

水热爆炸是一种极其猛烈的水热活动现象，爆炸后地表留下一个漏斗状的爆炸穴，穴口周围组成的环形垣体堆积物逐渐流散，泉口涌水量慢慢减少，水质渐清，水温降低。水热爆炸通常没有固定的时间和地点，前兆不明显，过程也很短促，大约在10分钟以内，因此只有少数人碰巧目睹过这种奇特的地热现象。

有人认为：水热爆炸属于火山活动的范畴，这是因为目前仅有美国、日本、新西兰和意大利等少数国家发现过水热爆炸，但几乎都出现在近代火山区内。然而，青藏高原上的水热爆炸活动和现代火山似乎没有什么联系。它是在以岩浆热源为背景的浅层含热水层中，当高温热水的温度超过了与压力相适应的沸点而骤然汽化，体积膨胀数百倍所产生的巨大压力掀开了上面的盖层而发生的爆炸。高原上水热爆炸的规模较小，但同一地点发生水热爆炸的频率却较高。如苦玛每年四五次，有的年份则多达 20 余次。这种罕见的高频水热爆炸活动说明，下覆热源的热能传递速率大，爆炸点的热量积累快。从地热带内其他各种迹象判断，这个热源可能是十分年轻的岩浆侵入体。19 世纪末叶以来，涉足高原的任何外国探险家都没有报道过这里的水热爆炸活动，已经发现的水热爆炸活动大都发生在20 世纪50 年代以后，它们形成的垣体中也不见泉华碎块，这不仅说明这些水热区形成的年代较新，而且还暗示这里作为热源的壳内岩浆体很年轻，正处在初期阶段。

目前，西藏是我国境内发现间歇喷泉的唯一地区，共有间歇喷泉区三处。高温间歇喷泉是自然界一种奇特而又罕见的汽水两相显示，它是在特定条件下，地下高温热水做周期性的水汽两相转化，因而使泉口间断地喷出大量汽水混合物的一种水热活动。相邻的两次喷发之间，有着相对静止的间歇期。

冈底斯山

冈底斯山南麓的昂仁县搭各加间歇泉区位于多雄藏布河源，海拔大约5000 米，共有四处间歇喷泉，都坐落在高 15 至 30 米的大型泉华台地上。最大的一处泉口直径只有30 厘米，泉口东面有直径两米的热水塘由一条裂隙连通。这个间歇泉活动比较频繁，每次喷发高度由一两米至十余米不等。喷发延续时间也很不一致，短的一瞬即逝，长的可达10余分钟。每次较大的喷发来临之前，泉口及旁边的热水塘的水位缓缓抬升，随后泉口开始喷发，水柱自低而高，然后回落。有时则经过几次反复才达到激喷，汽水柱一下子上升到10米左右，持续片刻后渐渐下降，有时则又回折，几经反复直至停息。其中有一次特大喷发，随着一声巨响，高温汽、水流突然冲出泉口，即刻扩展成直径2米以上的汽、水柱，高达20米左右，柱顶的蒸汽团不断腾跃翻滚，直捣蓝天。

这种奇特的、交替变幻的喷发和休止，决定于它奇妙的地下结构和热活动过程。间歇喷泉通常位于坚固的泉华台地上，其下有体积庞大的“水室”和四周的给水系统，底部有高温热水或天然蒸汽加热，还有细长喉管直达地面的抽送系统，酷似一个完整的天然“地下锅炉”。随着水室受热升温，汽化上下蔓延，至水室内具备全面沸腾的条件时，骤然汽化所产生的膨胀压力通过抽送系统把全部汽水混合物抛掷出去构成激喷。水室排空后再一次蓄水、加热，孕育着再一次喷发。

位于拉萨市西北90千米的羊八井盆地海拔4200米左右，也是典型水热爆炸类型的热田之一。这里的一些巨大的温泉和热水湖的蒸汽升腾后，可形成10余米高的白色汽柱，十分壮观。羊八井地热田的发电潜力为17.9万千瓦，如果全部开发出来完全可以满足拉萨市及其附近地区的电力需求。西藏地热之谜仍有待于进一步研究。

## 青岛由来之谜

有的人认为，青岛是由海上一小岛“小青岛”而得名。小青岛位于青岛湾内，与青岛市隔海对立。德国侵占胶州湾后，在小青岛上建立灯塔，于是便用这个岛的名字来命名整个市区。后来又在这个岛的原名上加上一个“小”字，称为小青岛。

说“青岛”是由海上一小岛“小青岛”而得名，这种说法是缺乏文字记载的。道光年间的《胶州志》、同治年间的《即墨县志》均未明确两者

青 岛

的关系。从字义上说，凡带“岛”字的都是由岛命名也不确切，如青岛附近的薛家岛、顾家岛等村，都是陆地，并非海岛，这就不能说带“岛”的地名全为海岛。

鲁海又引证了青岛原是一海口渔村名称，明万历年间开航为海上贸易港口。清同治二年（1863 年）建立海关分关。光绪十七年（1891 年）开始成为一个市镇，也称青岛口。1898 年至 1929 年间整个地区称“胶澳”，青岛是“胶澳”的一个市区名称。

1929 年后，青岛是指整个地区的名称。因此，青岛在不同历史时期有着不同含义。青岛自古以来南北航线有深水航线与沿岸航线，沿岸航线中胶州湾为必经之途。海岸线上的阴岛及麦岛以岩褐色深为著，黄岛以岭赭土黄为标志，而青岛树木繁茂，郁郁青青，可能由此而得名。

还有人认为青岛是由青岛村发展而来的。青岛在清朝末年已经是一个市镇的名称。

1886 年（清光绪十二年）道员刘仓芬在《查勘胶州湾条陈》中说：“胶州湾湾口东青岛，高四十七八丈，有市有关，地属即墨。”文中所说“高四十七八丈”，实指青岛山，在陆上而不在岛中；“有市有关”，更非在岛。所以在清末青岛已是陆上一地区名，再后成为城市名。

现青岛市区历来属即墨所辖，清末属仁化乡范围，原有 10 个村庄，即青岛村、顾家岛村等，青岛村就位于青岛的对岸。按我国地名命名的特点，应该说青岛村以青岛得名。青岛村东部的小山，又命名为青岛山。据《胶澳志》："青岛电报局始设于光绪十九年（1893 年），初为报房。"又说："我国于 1890 年春设邮局于青岛，兼辖青莱沂胶境内 22 分局。"

可见青岛应是具有一定规模的较大市镇。据日文《胶州湾》所载：1899 年 10 月 12 日，德国皇帝威廉二世命名"胶州保护地的新市区为青岛"，这是青岛作为城市最早出现的名称。至于"青岛"这个村庄名称是怎样来的，还需进一步印证。

还有一种说法认为青岛是源于前海的一个小岛名，即胶州湾入海口北面的青岛。清同治《即墨县志》："青岛，县西南百里"，在"山川脉络图"中标有这个岛屿，《海程》一卷中说："青岛西圈，可容船十余只。"道光《胶州志》"广轮分率开方总图"中也画有青岛。

乾隆十六年手抄本《灵山卫志》："小青岛在淮子口（胶州湾海口名）对岸，入海者必由此道。"《莱州府志》有万历间叫"青岛海口"的记载。明万历六年（1578 年）任即墨知县的许铤在《地方事宜议·海防》一文中记有"青岛"，这是有关青岛的最早记载。



## 蛇岛为何只有蝮蛇

蛇岛以蝮蛇的数目众多而闻名中外。据统计：蛇岛上的蝮蛇有 14000 多条，并且每年增殖 1000 条左右。那么，在这弹丸之地的孤岛上为什么栖息着这么多的蝮蛇呢？

我国科学工作者经过考察研究后认为：蛇岛特殊的地理位置为蝮蛇的生存和繁衍创造了良好的环境。

小小的蛇岛和台湾岛、海南岛等岛屿基本上都是第四纪时从大陆分离出去的"大陆岛"。蛇岛和旅顺、大连地区在地质构造、岩石性质、植物种数等方面的情况差不多。岛上的石英岩、石英砂岩和沙砾岩中，有许多大大小小的裂缝。这些裂缝既能蓄留雨水，又为蝮蛇提供了良好的居住场所。

其次，蛇岛位于暖温带海洋中，气候温和湿润，每年无霜期达 180 多天，是东北最暖和的地方，对植物生长和昆虫、鸟类繁殖极为有利。特别是该岛处于候鸟南北迁徙的路线上，同山东荣成、江苏盐城、上海崇明岛等候鸟栖息地连成一线。每到春秋两季，过往的候鸟有几百万只，树木茂密的蛇岛便是它们“歇脚”的好地方。由于蝮蛇有一套上树“守株逮鸟”的本领，它的鼻孔两侧的颊窝是灵敏度极高的热测位器，能测出 0.001℃的温差，因而只要鸟停栖枝头，凡在距离 1 米左右，蝮蛇都能准确无误把它逮住，成为一顿美餐。“植物—昆虫—鸟雀—蝮蛇”，构成了蛇岛的生物链

蛇　岛

还有，岛上土壤相当深厚，土质结构疏松，水分丰富，宜于植物生长和蝮蛇“打洞”穴居。蝮蛇生性畏寒，洞穴为它们提供了越冬的条件。同时，岛上人迹罕至，也没有刺猬等蛇类的天敌，对蝮蛇的繁衍非常有利。蝮蛇是一种卵胎生的爬行动物，繁殖力较强，母蛇每次可产 10 多条小蛇。在生的多、死的少的情况下，蝮蛇日益繁盛。

如果说上述分析基本可信的话，那么为何这些蛇竟是清一色的蝮蛇，却还是个谜。

有人认为：蛇岛面积很小，可供蛇类吞食的东西有限，捕食鸟类也并不容易，还往往会遭到老鹰的袭击，对于那些食性较窄、自卫能力弱的一般蛇类来说，很难在岛上生存，而蝮蛇的食性相当广，猎食和自卫能力都很强，在长期的自然演化中，蛇岛逐渐成为了单一的蝮蛇的天下。

但也有人对此不以为然，他们认为：蛇岛周围海域共有 5 个小岛，地

理环境和气候条件差不多，为何其他 4 个岛上没有蝮蛇，唯独蛇岛上有这样多的蝮蛇呢？看来，这个谜还有待于科学工作者的进一步努力，才能探明其中的奥秘。

## 充满谜团的可可西里无人区

可可西里无人区位于青藏高原腹地，青海、西藏、新疆三省区交界处，但主要在青海省境内。其东至青藏公路，西以喀喇昆仑山脉为界，北依昆仑山，南被唐古拉山截住，方圆约 24 万平方公里。那里海拔 5000 余米，气候干燥寒冷，严重缺乏氧和淡水，环境险恶，是青藏高原最大的高寒地带。人类无法在那里生存，那里的一切也都是未知数。目前，它是中国最大、海拔最高、最神秘的“死亡地带”，也是世界屋脊的最后一块考察区。国家考察队于 1990 年 5 月，首次对它进行历时 90 天的探险考察，总行程 2. 5 万公里，考察面积达 7. 5 万平方公里。

这次考察，共建了 11 个考察站，其中最低的工作站驻扎在海拔 4350 米的山坳里。这也许是世界各国探险队迟迟未对可可西里进行考察的重要原因。

可可西里

一般认为，海拔3000米高度对人体有一定损伤，这种损伤性随着海拔高度的增加而递增。在海拔5000米以上地区活动的人，普遍的心脏会变大，变大的心脏压迫肺，使肺变小。如果连续工作超过90天以上者，变大了的心脏将很难恢复，直至无法呼吸而死亡。

一天考察探险队碰上一个奇迹，竟在距青藏公路百余里的无人区境内发现两户牧民。他们一见考察队员们，便一家三代统统跪下，三步一磕头地老远迎过来。显然，他们把这些人当成天神了。

奇怪的是这里还生长着成群的藏羚羊、野驴、野牦牛、狼，它们以旺盛的生命力使这块弥漫着死亡阴影的地区充满些许活力。

可可西里，一个充满谜团和生机的世界，人类正试图一步步走进这个无人区。

## 上海是怎样形成的

上海是一座美丽的国际大都市，它坐落在长江口的南岸，1万年前这里还是汪洋大海，五六千年前这里是一片沙滩，它是怎样变成陆地的呢?

约在1.8亿年前，上海就是古老的大陆架——扬子台地的一部分。到了6000万年前，上海和我国东部其他地区一样都经受了强烈的地壳运动，

上 海

地下炽热的岩浆沿着地壳的破裂处涌出地面，形成了一些山丘，这就是今天的佘山、天马山九峰等。以后，上海地区地壳的趋势是逐渐沉降，于是长江带来的泥沙就一层又一层地淤积在这块陆地上，形成了多层重叠的古三角洲。距今1万年前的大理冰期结束后，冰川消融、海面上升，古三角洲的大部分又沦为浅海。其后，海面的上升速度渐渐减缓，而泥沙的淤积速度超过了海面上升和地体下降的速度，于是开始了新三角洲的发育。

距今五六千年前，长江口还在今天的镇江、扬州一带，海湾北岸沙嘴从江都向东北延伸，至海安李堡附近与岸外沙堤连接，形成了里下河低洼地区；南岸沙嘴自江阴以下向东南方向延伸，与钱塘江北岸沙嘴连接，使海湾封闭形成泻湖，最后葑淤成太湖平原。当时的海面已经接近目前的水平，但是海岸线只在福山、梅李、支塘、太仓、外岗、黄渡、盘龙镇、漕泾一线。

1969年冬天，上海农民在马桥境内开挖俞塘河，挖到两米深的地方发现了大片堆积得很厚的贝壳沙层，一般有40厘米，最厚处达一米半，越向东去，贝壳沙层越薄，这条南北向的贝壳沙堤就是当年的海岸线。由于长江泥沙的淤积和波浪、潮汐的顶托作用，沿着海岸线形成了几道平行的沙与贝壳混合构成的堤岸，在有些地段，这些堤岸已被埋入地下，有些地段现在还高出地面一两米，民间俗称“冈身”。冈身在松江故道的北面并列有五条，最西边的一条在太仓、外岗、方泰一线，最东边的一条在娄塘、嘉定、马陆、南翔一线，东西相距六到八公里；冈身在松江故道的南面并列有三条，分别称为沙冈、竹冈和紫冈，最西边的一条在马桥、邬桥、漕泾一线，最东边的一条在诸翟、新市、柘林一线，东西相距一到二公里。

冈身上的马桥遗址年代约为距今4000年左右，冈身以西则分布着许多距今6000至4000年间的新石器文化遗址，而冈身以东从未发现过东晋以前的文物，这说明冈身在五六千年前已经形成，而且一直维持到公元3世纪也没有发生过大的变化，它意味着在这一个历史时期内长江流域的生态非常良好，植被茂盛，水量丰富，江水含沙量少，所以水下三角洲尚未堆积，河口三角洲也没有发育。

但是从公元4世纪东晋南渡以后，长江流域逐步得到开发，于是森林遭到破坏，水土大量流失，长江口泥沙沉积速度也加快了，长江南岸沙嘴也就不断地向东推进，东晋时修筑的沪渎垒已在冈身以东约10公里的地方了。

唐代的时候在北起宝山的盛桥、月浦、江湾，中经川沙的北蔡，南至南汇的周浦、下沙、航头一线，形成了一条与冈身平行的沙带，在北蔡西南、沙带内侧的严桥发现了唐代遗址，这说明到公元10世纪的唐代，今天上海市区的大部分都已经成为陆地了。

宋代海岸继续向东推进，北宋时从吴淞口到海盐一线筑了长达75公里的捍海塘。到南宋，这条海塘历经百年已经损坏，于是又修筑了里护塘，其走向大约北起高桥，南经川沙、祝桥、南汇、大团、奉城直至柘林。近年来在里护塘内侧的高桥和惠南镇都发现了南宋的墓葬，大团镇西也发现了大量宋元瓷片，这说明里护塘实际上是宋代的海岸线。从东晋到南宋才八九百年，海岸线从冈身到里护塘就向东推进了30多公里，而东晋前的两三千年间冈身只向东移动了几公里，可见江南地区的开发对长江的影响之大。

宋代以后，长江主流改由崇明岛以北的北支入海，南岸沙嘴因泥沙不足而伸展缓慢，所以推进幅度不大。明代万历年间，在里护塘外侧修筑了外捍海塘，向外伸展最远的还不到5公里。清雍正年间，南汇知县钦连重新整修了外捍海塘，所以它又被称作钦公塘。光绪年间，在钦公塘外增筑了外圩塘，新中国成立后在其基础上兴筑了人民塘，这就是今天的海岸线。



## 罗布泊是游移湖吗

酷热、干旱、风沙、陡崖、盐滩，使得人们不能接近罗布泊，多少年来一直被称为“死亡之路”。历史上曾有许多中外学者试图冲破层层阻碍穿越大沙漠，完成对罗布泊的考察，然而许多人都是壮志未酬或是魂断沙漠。就是仅有的几次成功考察，却又在罗布泊的确切位置上产生了分歧。

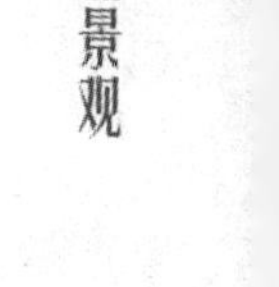

最先引起“罗布泊是游移湖”争论的是俄国探险家普热瓦尔斯基，他在1876年曾到罗布泊位于塔里木河口的喀拉和顺境内，比我国地图所记的位置还要往南，纬度大约有1°之差。而且，他所见到的湖泊是一片淡水

罗布泊

湖，芦苇丛生的大沼泽地，聚集着成千上万的鸟类。而北罗布泊的水都已干涸，变成盐滩，十分荒凉。

普热瓦尔斯基认为：罗布泊从形成时期起，它的位置和形态就随着充水量的变化而南北变动着，有时偏北，有时偏南，有时水量很多，有时则很少，甚至干涸。

瑞典的斯文·赫定到罗布泊地区考察，也认为罗布泊游移到喀拉和顺去了。斯文·赫定还推测了罗布泊游移的原因，他认为罗布泊游移是由于进入湖中的河水（塔里木河）夹带着大量泥沙，泥沙沉积在湖盆，使湖盆抬高，导致湖水往较低的方向移动。过一段时期后，被泥沙抬高露出的湖底又遭受风的吹蚀而降低，这时湖水又回到原来的湖盆中。罗布泊像钟摆一样，南北游移不定，而且游移周期可能为1500年。

但也有人认为罗布泊从来就不是个游移湖。卢支亭先生认为罗布泊由于受湖盆内部新构造运动和入湖水量变化的影响，在历史上常出现积水轮廓的大小变动，此种变动本来是一种自然的历史演变过程，而不能称之为游移湖或交替湖。

中国科学院新疆综合考察队地貌组通过对罗布泊进行实地调查和卫星照片分析，证明罗布泊从第四纪以来始终没有离开过罗布泊洼地，虽然由于各个历史时期的气候变化、古代水文条件的改变以及最新断块运动而导致其水量的涨缩，但它始终是在湖盆内变动，湖水从未超湖盆范围以外的湖面。

罗布泊在水面涨缩变化过程中，除了最重要的结构因素、古代水文因素，还有人为因素。进入阶级社会后，一些河道的改道总是以人的因素为主的，特别是干旱少雨的塔里木河和孔雀河下游的改道，如果不与社会联系起来，从人与自然的相处上面寻找原因，是难以找到正确答案的。

从目前看，以上两种说法似乎各占其半，势均力敌，不管这个谜底究竟是什么，我们都应该好好思考，如何不要让短期的人为行动破坏自然的规律。

## 大明湖形成之谜

济南市位于鲁中南山地北部与华北平原的交接带上，北面有黄河流过，南面紧接泰山的前山带。所以这座城市正好处在一个凹陷中，而大明湖正居于凹地的底部。虽然只是一个天然的小湖泊，但却以其美丽可爱而蜚声国内。一般而言，在城市里有一个封闭式的湖非常罕见，其成因肯定是非常特殊的。大约从什么时候起、在怎样一种情况下形成了这个美丽的湖泊，我们还无法确定。

大明湖

大明湖是一个由泉水在低地上汇集所形成的湖泊，湖水源主要靠南侧山麓的泉水补给。以前济南的名泉如趵突泉、黑虎泉、珍珠泉、五龙潭泉四大泉群的水直接或间接汇入湖中，今天这些泉水大多数已经不再补给大明湖的水源，仅有珍珠泉、芙蓉泉、泮池、王府池诸泉仍注入湖内。湖水从东北隅汇波门流出，汇合护城河水，流入北面的小清河，注入渤海。

这种特殊的现象，在我国还不多见，大概只为济南这样的“泉城”所特有。古时候，济南被称为“泉城”——“齐多甘泉，甲于天下”。这个古来著名的泉城究竟有多少泉水？过去说它的城内外有72处，其实远不止此数。据新中国成立后实地调查，仅在济南市区就有天然泉水108处。诸泉汇聚于地势低下的城北，形成一片广大的水域。今天这片水域的许多部分已填塞成为市街，而大明湖是留下的最大水面。济南为何如此多泉，这同它的水文地质条件有关。

科学家们认为，泉水跟倾斜的岩层也许有很大关系。济南处在石灰岩和岩浆岩这两种不同岩性的构造接触带上，这恰好为泉水形成和出露提供了有利条件。济南的南面有绵延的小群山，如千佛山等都是由厚层的石灰岩构成的，岩层略向北倾。石灰岩层内大小溶洞和裂隙很多。山地降水渗入地下，积蓄在其中，积蓄的水多了就顺着倾斜的岩层和裂隙向北流动，当流到济南北面时，遇到了组成北面丘陵的不透水岩浆岩的阻挡，便停滞下来，成为承压水，它一遇到上面地层薄弱的部分便冒出地面，成为大大小小的涌泉。而大明湖所在地正是济南北部最低洼处，众泉汇聚，所以成为湖泊。

大明湖在历史上变化很大。北宋以后，由于人类活动频繁，生态有所恶化，古大明湖已逐渐堙塞，现在的大明湖是由古大明湖东面的一片水域，即历水陂演变而来的。在新中国成立前，社会的动荡和贫困使大明湖黯然失色，失修的湖内多为杂乱的湖田，湖边为坍塌的泥岸，岸边道路泥泞不堪。新中国成立后，疏浚了湖底，用石头砌成湖岸，对环湖大道及各种建筑都进行了修整。此外，还添设了新景点、新设施，又恢复了“四面荷花三面柳”的风貌，这样，著名的游览胜地重新焕发出青春的光彩。

# 南海诸岛会不会沉没

要弄清南海诸岛的沉浮问题，首先得了解它们是怎么形成的。1亿年前，地理状况与今天有着很大的区别。当时亚欧板块十分广阔，南海诸岛就属于它。那时，南海还不是海洋，而是河流纵横、层峦叠嶂的陆地。山上的岩石多是6亿年以前形成的。沧海桑田，岁月巨变，在距今7000万～8000万年前，由于太平洋板块向西俯冲，亚欧板块和印度洋—澳大利亚板块相互碰撞，这块古老的陆地在猛烈的撞击下四分五裂，海水也随之浸入，一个比较浅的陆表海环境就此形成了。对于它的裂开和洋壳出现的类型，目前有两种不同的看法，但时至今日还不能准确地解释究竟是板内裂谷型还是弧后拉张型。地质学家们为了弄清这个问题，正在不断地探寻，假以时日，或许能找到更加完善的解释。

在距今6700万年进入第三纪以后，这里分裂的地形得到了改变，海洋消失，又重新成为了陆地。不过此时的地形已经变成丘陵，平原相间、湖泊众多，而不再是山峦起伏、重峦叠嶂了。到距今3000万年前后，随着构

南海诸岛

造活动的加剧，这块陆地东北—西南向裂开，海水大规模自南向北浸入，今天的南海就初步形成了。当然，当时海水的深度和海岸线的范围都远不如今天，此时的岛屿和水下礁石大多是那些由古老岩石组成的丘陵和高地形成的。现今南海诸岛的基底岩层则是由千百万年来沧桑巨变所产生的沉积物形成的。

南海四沙礁区如今有50多个岛屿，其中大部分都是在末次冰期阶段形成的。在距今1.5万~1.8万年时，岛屿的规模和数量和今日相比要大得多，后来许多岛屿都因冰后期海平面上升而被淹没了。因此，珊瑚礁便成了南海诸岛中大部分岛屿的物质来源。在风、浪、流的相互作用下，岛屿在礁面上堆积而成，属于沉积作用的产物。以往，由于弄错了南海诸岛中一些岛屿沉积物的成因，因此有人根据这些岛屿的海拔高度，推断出近10 000年以来南海诸岛始终在上升。甚至有人认为，南海诸岛以每年1厘米的速度在上升。

科学家们经过认真考察后，认为事实刚好相反，南海诸岛其实一直都处在沉降状态。而且根据目前所获得的资料分析，南海诸岛沉降的速度随着不同的地质历史时期的更迭而改变。从总体上看，沉降速度随着时间的推移变得越来越快。人们还发现，南沙和西沙的珊瑚礁台地，都是顶面小、基座大，呈宝塔形逐步缩小的规律，这同时表明了礁岛的一个特点，即珊瑚礁总体上是一种海浸礁。现今岛屿沉积物的下部都沉浸在水下，而这些沉积物本来形成于冰期，如果真像某些人认为的那样岛屿处于上升阶段，就应该裸露在水面上。

更有说服力的是，西沙的石岛的全部沉积物都是风成的。这些沉积物是在陆地环境时形成的，在海平面上升和沉降的复合作用下，这些风成沉积物的底界越沉越深，以致最终沉浸在水下18.68米处。如果将海平面上升幅度和沉降速度看作同等重要的因素来计算，那么现在南海诸岛的沉降速率应该在每1000年12厘米以上。因此，如果今后海平面不出现大的下降，那么南海诸岛的岛屿面积不仅不会增加，反而逐渐缩小。

目前，就人们找到的证据而言，南海诸岛应该是在下沉。然而这不是最后的结论。对于科学探索者来说，南海诸岛究竟是上升还是下降仍然是一个谜。

# 恐怖谷之谜

在我国陕西省旬阳县境内有一条幽深而狭窄的峡谷，被人称作“哭谷”。1980 年 6 月的一天，几名地质人员路过“哭谷”时，正值阴雨天，阴云随着山风徐徐掠过峡谷上空，突然传出一阵震耳的枪声，大人、小孩凄厉的哭喊声，恐怖的气氛使地质人员心头发颤。究竟发生了什么事？然而，审视峡谷，一切如常。原来，据说新中国成立前夕，曾有一个戏班子路过这里，被国民党军队用机枪屠杀于峡谷之中。当时天阴沉沉的，枪声、人们的惨叫声响彻峡谷。以后，每年的这时碰上相同的天气，寂静的峡谷就会变成真正的“哭谷”，昔日的枪声、哭叫声复响人间。

恐怖谷

广西融水县有一处著名的风景区“古鼎龙潭”。1987 年 1 月 10 日清晨 6 时，这里忽然响起此起彼伏的“古道场”的锣鼓声、吹唢呐声、敲木鱼声，声音越来越响，并且富有节奏感，直到当晚 10 时，龙潭鼓乐声才停止。当天有七千多人听到这奇异的鼓乐声。这种现象曾在 1953 年出现过一次，事隔 30 余年又重来，其间的奥秘尚待揭示。

自然界的这种储存历史音响的现象，表现最多的则与战争有关，好像昔日战场易产生音响奇闻。

在土耳其西南部有一个叫“恐怖谷”的地方，平时死一般寂静，但一

到电闪雷鸣的时候，这里就会发出战马的嘶鸣声、人的呐喊声和刀枪的碰击声，听来惊心动魄，犹见恐怖的战争场面。当地居民说这是“鬼在打架”，近100年来一直如此。据历史学家考证，这里曾是古代罗马和波斯军队激战的战场之一。新的科学发现表明，“恐怖谷”地下有一个巨大的磁铁矿，可能是磁铁与雷电相互作用，产生了天然录音效应，使人得以重闻古代军队的激战音响。

我国山海关附近有一片森林。一天夜晚，露宿在林间开阔地里的地质勘探队，忽然听见帐篷外杀声震天，刀剑的撞击声和战马的嘶叫声交织成一片。但是到天亮一看，这里依然是野草青青，古树森森，什么也没有发生过。第二天，又出现了这种现象。后来他们从史书上看到记载，原来这个地方曾是一个数百年前的古战场。

在玉门关不远的一个峡谷里，每逢阴雨、湿热的天气，晚上便会听到鼓角声声、呐喊震天、战马嘶鸣、兵器铿锵，仿佛有千军万马在激烈厮杀。古建筑设计院的一位教授通过查阅古籍、实地调查，向人们揭示了这样一段史实：

1700年前，西晋大将马隆率3000人马与羌兵万余人马曾在此地混战多时，双方伤亡都很惨重。马隆见敌众我寡，硬拼难以取胜，就想利用当地的磁铁矿，设计智取。他派兵丁预先挖来好多磁矿石摆放在一个险要峡谷的人口两旁，然后让全军兵马用牛皮甲替换掉铁甲，与羌兵交战。当晋兵佯败将羌兵引近峡谷口时，磁矿石产生的磁场吸引着羌兵身上的铁甲，使他们个个东倒西歪，挣脱不开。这时，恰遇倾盆大雨，马隆率部调头杀回，全歼羌兵……

由于当时激战的声音被附近的磁场录了下来，才使玉门关附近的这个古战场的面目被今人所知晓。

## 庐山有没有第四纪冰川

国际地质学界有一种流行的观点，认为第三纪以来，中国气候过于干燥，缺乏足够的降水量，形成不了冰川。因此，李四光提出庐山存在冰川的观点，并没得到地质界的一致承认。英籍学者巴尔博根据对山西太谷第四纪地层的研究，认为华北地区在第四纪时只有暖寒、干湿的气候变化，没发生过冰期。他说：“庐山周围盆地的可疑沉积物，初看极似冰碛物质，但是仔细研究之后，似乎觉得必须寻求另外的解释。”认为长丘是侵蚀形态而非堆积形态，圆形的砾石是边棱已被风化的结果。之后，法籍学者德日进提出了下列疑问和看法：

庐 山

（1）若存在李教授所主张的如此广泛的近代冰川，就要有令人瞩目的确切无误的地貌特征，但事实上没有；

（2）李教授拿出的冰川作用证据，恰好可以用泥流加以解释；

（3）李教授的“冰碛”显然属于雨花台砾石层，如此则有许多问题很难解释；

（4）李教授的考察结果真正表明，在上新世末，东亚显示了急剧的造陆运动。总之，两位外籍学者完全排除了更新冰期的可能。1935 年，前中央研究院组成两个考察队，分别对长江流域和珠江流域的新生代地层进行考察，考察结果也否定了庐山曾有过冰川。

以后几年里，李四光也在寻找更多的冰川证据，并以此来说服怀疑论者。1936 年，他在黄山又发现冰川遗迹，更加证明庐山曾有冰川。经过多次调查研究，李四光对庐山的第四纪冰川的认识又迈进了一步，于是著成《冰期之庐山》一书，总结了庐山的冰川遗迹，进一步肯定了庐山的冰川

地形和冰碛泥砾，描述了在玉屏峰以南所发现的纹泥和白石嘴附近的羊背石。这书专门写了“冰碛物释疑”一章，对反对论者所提出的观点进行了分析与反驳。对于泥砾的成因问题，他否定了风化残积、山麓坡积、山崩、泥流等成因的可能性，再次肯定泥砾的冰川成因。至于中央研究院调查组发现的存在红土化现象，正好说明庐山地区第四纪的气候变化，存在着冰期与间冰期。不久，他又著《中国地质学》一书，着重讨论了泥流和雪线问题。他说：对于泥流，即使承认如此巨大规模的泥砾是融冻泥流所形成的，那就完全有必要承认在高山上发生冰川作用，因为如果山下平原区发生了反复的冰冻与融化，以致产生了泥流的低温条件，按升高 100 米降低温度 1℃计算，庐山上面的温度就要比周围平原低 10～15℃，这样就不可避免要发生冰川了。据以反对庐山冰川的泥流作用，反过来却成了有利于主张庐山冰川的有力证据了！对雪线问题，他认为在更新世时期，雪线在东亚有降低，因此虽然庐山海拔较低，也能发生冰川。

20 世纪 60 年代，学术界又展开了讨论。反对庐山冰川者的根据是：（1）所谓“冰碛物”不一定是冰川堆积，其他地质作用如山洪、泥流都可以形成。（2）地形方面，庐山没有粒雪盆地，王家谷等地都不是粒雪盆地，而且山北“冰川”遗迹遍布，何以在山南绝迹？（3）庐山地区尚未发现喜寒动植物群，只有热带亚热带的。赞同庐山冰川者说，上面的问题不过是旧事重提而已，并对之逐条驳辩，但没拿出更多更新的证据。由于后来的条件，这场争论没有继续下去。以后的争论，都是旧话重提，没能跳出这个范围。

庐山真面目，至今仍是一个谜；是否存在过冰川，对我国第四纪地层划分起着重要作用，因此有待于更深入的探讨。

## 台湾岛是怎样形成的

台湾岛是我国最大的一个岛。关于台湾岛的形成，在地质学界有不同的看法。

一种看法认为：台湾岛是东亚岛弧中的一个环节，它的形成与东亚岛弧的形成、发展，有着密切的关系。所谓东亚岛弧即指东亚大陆架与太平洋西部海沟之间的岛弧，包括千岛群岛、日本群岛、琉球群岛、台湾岛及其附近小岛、菲律宾群岛等。东亚岛弧的形成，是以东亚褶皱山系的出现为标志。而东亚褶皱山系的出现则是由于以下因素造成的：在地壳运动中，东亚大陆架一方面受到来自大陆方向的强大挤压力，另一方面又受到巨大而坚硬的太平洋地块的阻抗，于是在它前沿形成了一系列按东北—西南方向排列的山脉，那就是东亚褶皱山系，当它露出海面时，便构成了东亚岛弧。单就台湾岛讲，由于地壳运动的结果，产生褶皱、隆降，从而奠定台湾岛地质的基础。

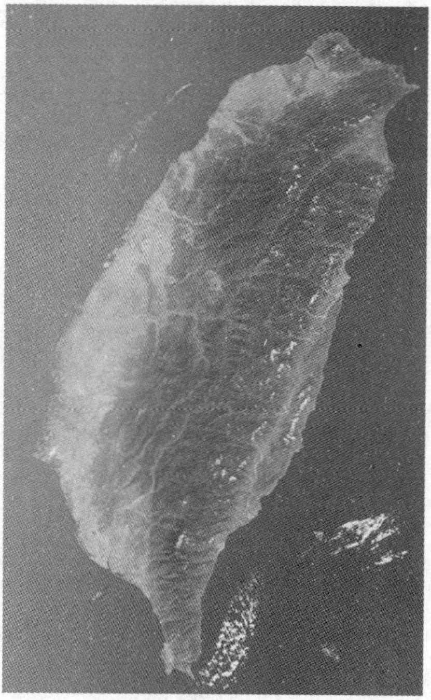

台湾岛

这大约是在地质年代的中生代的三叠纪的事，距今差不多2亿年。此后在很长时间里，这里又为海水所淹没，直到新生代早第三纪的始新世即距今约4000万年时，地球上最近的一次造山运动即喜马拉雅运动，使台湾岛及其附近小岛再次受到造山运动的影响，又发生多次的地壳运动，台湾岛大部分地区因受挤压褶皱而上升，大约在新生代晚第三纪的中新世即距今1000万到2000万年时，又重新被海水淹没，只有高耸的中央山脉突露出海面，后来长期在山脉的两侧，集起大量的沉积物。

接着在地质年代新生代晚第三纪的上新世即距今200万到300万年前，造山运动又再剧烈进行，中央山脉再度挤压上升，其两侧也褶皱成山，显露出海面，那就是中央山脉东的台东山脉西的玉山山脉、阿里山山脉，终形成了台湾岛的现代地形。因为越是靠近太平洋，受到太平洋地块的阻抗越大，褶皱山脉的山势越高耸，所以台湾岛的地势比起内陆的福建等都来得高峻。也就因此，即使台湾岛本身，也是东边比西边陡峭。

另一种看法是：台湾岛地层与大陆属于同一结构，在地质年代新生代的第四纪前即距今 100 万年前后，它本是大陆的一部分，同大陆连接在一起，最多是一个半岛。第四纪后因地层变动，局部陆地下沉，出现了台湾岛海峡，使台湾岛成了海岛。持这种看法的人还指出：即使出现了海峡，澎湖列岛南部同福建陆地之间，直到 5400 年前，还有一条与陆地联系着，而澎湖与台湾岛的陆地联系则一直维持到距今 6200 年前。

有人还从研究台湾岛的史前文化来证明上述见解的正确性。人们在台东长滨乡八仙洞发现了旧石器时代的文化遗址，那里出土的石制品有 6000 余件，都与祖国大陆出土的旧石器时代的石制品，无论在制作技术上或基本类型上，都没有多大的差别。有人发现，从高雄县凤鼻头一带发掘出的史前时期的彩陶和黑陶，与大陆出土的新石器时代的彩陶和黑陶非常相似，还有人在台北县淡水镇八里乡八盆坎发掘的青铜制成的两翼式箭头，经切片化验，发现它的冶铸方法是大陆殷商时代的。

此外，人们在淡水河流域还发现，那里出土的赤褐的粗砂陶器与福建金门县出土的黑色和红色的陶器在刻纹等方面很相近，可能属于同一类型。这些自然只能从两边曾是以陆地相连中来说明。支持这种看法的人，还从台湾岛古代动物化石——如大象、犀牛、野牛、野鹿、剑虎等来证明有人在台湾岛西部发现许多大型哺乳类，且说明早在距今 100 万年左右就有大批动物从大陆别地移到原属大陆的台湾岛。也有人考察野生植物后指出：台地野生植物和大陆上的野生植物相比，多是大同小异的，大多相同相近或近缘。据统计：台湾岛洋齿类以上的野生植物达 3800 多种，其中有 1000 种（占 28%）与大陆完全相同。

把上述两种看法概括一下可以看出，不管哪种都指出台湾岛是由地壳运动而出现的。此外还有一种说法，认为在地质年代新生代的第四纪以前台湾岛同大陆是分开的，第四纪以后有过合在一起的时候。因为第四纪更新世前期即距今 100 万年左右，由于地壳上升的变动和地球上气候变冷的影响，沿海地区出现了陆地面积扩大的情况，那时候台湾岛海峡的海水可能几乎退干，成了陆地，于是出现了台湾岛同大陆连成一片的局面。后来到了更新世后期，地球上气候转暖，海水上升，陆地减少，台湾岛海峡又再出现，台湾岛同大陆又隔开了。以后又再相连、相隔。如此经过了多次反复。自然相隔的时间很长，而相连的时间也不很短。台地的大型哺乳动物就是在两地相连时从大陆别地进入台湾岛的；人类史前文化，也是在两地相连时一部分人从大陆带进台湾岛的。

三说各有道理，何说为是，有待于人们进一步研究。

## 五岳的由来之谜

今天，“五岳”的流行说法是指东岳泰山、西岳华山、北岳恒山、南岳衡山、中岳嵩山。其实，五岳究竟是哪几座大山，历来有许多争论。

景空寺

张守节《史记正义》引《伪孔传》曰：“‘四岳’即上羲和四子也，分掌四岳之诸位，故称焉。”意思是说，全国既分为四个区域，就在东西南北四个区域中各选一个名山作为代表，称之为岳。《尚书》中也只有东南西北四岳，而无五岳之称。《史记·五帝本纪》引《尚书·尧典》，记述尧以治水和禅位询问四岳之官，当舜即将接替尧的职权时，则巡狩四岳之地：“岁二月，东巡狩，至于岱宗；五月巡狩至南岳，南岳，衡山也；八月巡狩至西岳，西岳，华山也；十一月巡狩至北岳，北岳，恒山也，皆如岱宗之礼。”在记述完这四岳以后，又在里边加上这么一句：“中岳，嵩高也”，“昔三代之君皆在河洛之间，故嵩高为中岳，而四岳各如其方”。五岳的概念，这时才较为明确地出现。

五岳的名称，始见于《周礼·大宗伯》和《大司乐》，但它并没有说明五岳是哪几座大山。《史记》才定为岱宗（泰山）、华山、衡山、恒山、嵩山这五个确定的大山，但五岳到底是指哪几座山，历来却是众说纷纭。

《尔雅》说：河南华，河西岳，河东岱，河北恒，江南衡。把黄河南面的华山，西面的吴山（即岳山，在今陕西陇县西南），东面的泰山（即岱宗），北面的恒山，长江南面的衡山，视为五岳。

同是《尔雅》，又出现了第二种说法：泰山为东岳，华山为西岳，霍山为南岳，恒山为北岳，嵩高为中岳。霍山在今安徽霍山县西北五里，又叫天柱山。郑玄注《周礼·大司乐》中的四镇五岳，把岱、衡、华、岳、恒作为五岳，同《尔雅》前一说；《大宗伯》则据《尔雅》的第二说，以泰、华、霍、恒、嵩为五岳。唐代的贾公彦为此作疏时则说：《大宗伯》之注中的五岳是据东都而言的，《大司乐》之注中的五岳是据西都而言的。但到底是怎么回事，谁也说不清楚。

近代历史学家顾颉刚根据《汉代学术史略》考证，则又有与上述不同的观点。他认为，秦始皇时尚无现在的所谓“五岳”的说法。秦始皇统一中国后，把天下名山大川整理一遍，以旧时秦国的门户崤山为界，定其东边的五座名山分别是太室、恒山、泰山、会稽、湘山；其西边七座名山分别是华山、薄山、岳山、岐山、吴山、鸿冢、渎山。今天的所谓“五岳”，还分散在东西两边。



汉代，讲黄帝故事的申公说：“天下名山八而三在蛮夷，五在中国。中国：华山、首山、太室、太山、东莱。”这五大名山都是黄帝常游的地方，华山在今陕西，首山在今山西，太室在今河南，泰山和东莱在今山东，都在黄河流域。由于这样的分配法没有按汉代疆域的实际情况来划分，所以汉武帝另行分配，以太室为中岳，泰山为东岳，安徽的天柱山为南岳，华山为西岳，恒山为北岳，用来显示国土的强大。后来因为安徽位置还不太“南”，所以又改以湖南的衡山为南岳。

统治阶级划分的名山大川，往往是出于加强统治，显示国力的目的，所以任意改动，从而造成了历史上纠缠不清的“五岳之谜”。

## 喜马拉雅山与台湾岛的植被为何同缘

台湾岛的中央山脉与大陆的喜马拉雅山相距数千里，且有一道海峡相隔，然而它们的植被却有许多是相同的，这其中的奥秘在哪里呢？

根据地质学家的考察和研究，在3000万年前的早第三纪，喜马拉雅山脉与台湾岛不定期地沉沦在汪洋大海之下。恰恰是第三纪中晚期的喜马拉雅山运动，使处在欧亚板块南缘的喜马拉雅山地和东缘的台湾岛，在印度板块向北和与之形成互动的太平洋板块向西北的俯冲下，同时迅速仰翘起，一起脱海而出，成为中华大地新生的两个“孪生兄弟”。

喜马拉雅山

当时台湾岛处于我国东部的湿润热带、亚热带气候区，在其逐渐成陆和与大陆连接的过程中，密布于福建沿岸低地的热带及亚热带森林首先覆盖了这片光裸的土地。而迅速隆起的喜马拉雅山地则将古地中海推向西方，位于其北山峦起伏的青藏高原古地中海海岸特有的热带、亚热带植被，也将喜马拉雅新生陆地打扮一新。然而，由于新第三纪的海浸，形成80海里的海峡，将台湾岛与大陆分割开来，台湾岛植物在其特定的环境下开始了自己独特的发展历程。而喜马拉雅山区则持续快速隆升，并逐步吸纳了古老的高原山地植物，在此基础上，进一步形成了自己独特而又丰富的山地植物世界。

台湾岛森林的主要组建树种香樟、红楠、厚壳桂、刺栲、青钩栲、印度栲、赤皮青冈、岭南青冈等，许多种也出现于喜马拉雅山地。表现最为典型的相似景象出现在位于中央山脉的合欢山。从低到高，依次是常绿阔叶林、铁杉林和冷杉林，简直就是东喜马拉雅山地的垂直带。

合欢山的森林分布怎么会与东喜马拉雅山地无任何区别呢？如果说某一个树种或某一森林群落从大陆迁移到台湾岛，还是有可能的。但是，这么一大片山地森林垂直与东喜马拉雅山如此之相似，真叫人难以想象。

在海拔2200米的高度附近，生长着一株株高逾20米的巨树，一层层

枝叶在通直的树干上水平展开，如同一把把巨伞撑在蓝天下，这就是文献中所记载的台湾岛铁杉林。它广泛分布于我国西南山地，是中华铁杉的变种。但令人百思不解的是，这种仅生长在大陆西南海拔较高的凉爽地带的树种，是怎样经过广阔的亚热带平原和汪洋大海来到台湾岛的呢？

杜鹃、马先蒿与龙胆本来就是喜马拉雅与横断山脉的特色，玉山蔷薇是广布青藏高原绢毛蔷薇的变种，马五万、小檗、乌头、女娄菜、报克、白珠、忍冬等属组成的高山植物群落都与喜马拉雅山无任何区别。更令人惊奇的是这满山竟有一些地道的喜马拉雅植物，如长于岩隙中叶面被满绒毛的尼泊尔香青，从其名字就可知道它的喜马拉雅原籍。再比如玄参科的打绣球，原为喜马拉雅山地特有单种属植物，竟然也千里迢迢来此落户。如此之多的高山植物究竟何时，又怎样迁下高山，穿过广阔的华南亚热带平原山地，再越过台湾岛海峡迁居到台湾岛中央山脉的呢？现在科学家还没有拿出一个让人非常信服的回答。

不过，雪山的冰川痕迹，也许是解开植物的迁移之谜的一把钥匙。从植物生态学的观点分析，喜马拉雅山地植物只有在第四纪冰期、全球气候变冷时，才有可能逐步迁移到低海地区，并在这一时期，因为两极冰川扩展，海平面下降，台湾岛海峡与大陆相连，这些植物继而越过海峡，迁居台湾岛。但这毕竟仅是一种分析。地质与地理学家也拿不出过硬的证据来证明中国东部第四纪究竟出现了几次冰期，冰期时气温到底低到什么程度。这也难怪，毕竟我国东部没有太高的山地，自然留不下令人信服的、确凿的冰川活动证据。

## 中国的魔鬼三角之谜

鄱阳湖是中国最大的淡水湖，在雨季来临的时候，它碧波千层，天水相连，渺无边际。在它的北部，有一处令当地渔民船工闻风色变的神秘三角地带，这便是被称为“魔鬼三角区”的老爷庙水域。

老爷庙水域位于鄱阳湖区的江西省都昌县，南起松门山，北至星子县城，全长24公里。在湖东岸上有一座破旧的庙宇，称老爷庙，水域由此得名。多少年来，无法统计在这块水域里有多少船沉没。仅自20世纪60年代以来，该水域已有100多条船只神秘地葬身湖底，数十位船工的生命被狂嗥的浊水吞噬。

鄱阳湖

美丽的鄱阳湖果真有这么诡谲凶残的水域吗？我们不妨回溯一下出事记载：

20世纪60年代初，从松门山出发的一条渔船北去老爷庙，船行不远便消失在岸边送行的老百姓的目光中，突然沉入湖底，十多条人命被吞噬。

1985年3月15日，一艘载重25吨，编号“饶机41838号”的船舶，凌晨6时半在老爷庙以南约3公里处的浊浪中沉没。

同年8月3日，江西进贤县航运公司的两艘各为20吨的船只，也在老爷庙处先后莫名地葬身湖底。同一天中，同在此处遭此厄运的还有另外12条船只。

又是同年9月，一艘来自安徽省的运载竹木的机动船在老爷庙以北附近突然笛熄船沉，岸上行人目睹船手们抱着竹木狂呼救命，一个个逃到岸上后吓得魂不附体。转身望去，湖面上浊浪翻滚。

1985年，在此沉没的船舶有20多条。

1988年，据都昌县航监站负责人透露，又有10条以上的船只在此水域沉没。显而易见，老爷庙沉船事出有因，绝非偶然。

很难说老爷庙建立的确切年代。传说，元末年间，朱元璋与陈友谅在鄱阳湖展开决战。一次，朱元璋遭受困顿逃亡，遇上一老神仙。老神仙便派遣一只乌龟将朱元璋救至老爷庙处。朱元璋从此时来运转，后来终于打败了陈友谅，当上了皇帝。当地的老百姓为了感谢救人命的乌龟，便在湖岸边的高地上建起了一座庙宇，称“老爷庙”。

打这之后，船行此地，渔民们便站立船头，遥望着老爷庙，宰杀随船

鄱阳湖风景

带来的公鸡，用鸡血滴于湖水之中，以祭乌龟。不宰杀公鸡或不烧香拜佛者，将遭到船没人亡之灾，这似乎已成为当地人的习俗。然而烧香磕头，宰杀公鸡等并未改变渔民们的悲惨命运，沉船翻舟之事依然从未间断过，而且日趋频繁，老爷庙水域对渔民来说简直就是“鬼门关”。

迷信自然不可信。那么，在这波浪咆哮的水域下面到底隐藏着什么呢？

一起意外事件引起了人们的注意。20 世纪 70 年代中期，某天黄昏曾有人在鄱阳湖西部地区目睹一块呈圆盘状的发光体在天空游动，长达八九分钟之久。当地曾将此情况报告上级有关部门，而有关部门亦未能作出清楚的解释。

有人猜测，是因为“飞碟”降临了老爷庙水域，像幽灵般在湖底运动，导致沉船不断。问题似乎越变越令人不可捉摸，然而“魔鬼三角”之谜究竟是什么？湖水底下到底有何种鬼蜮出没？已成为亟待解开的谜团。

为了解开老爷庙水域神秘沉船之谜，江西省气象科研人员 1985 年初组成了专门的科研小组，在老爷庙附近设立了三座气象观测站，对该水域的气象进行了为期一年的观测研究。

从搜集到的 20 多万个原始气象数据看，老爷庙水域是鄱阳湖的一个少有的大风区。全年平均两天中就有一天属大风日，也就是说每两天就有一天风力达到六级。老爷庙水域的最大风力达八级，风速可达每小时六七十公里，在鄱阳湖，乃至江西省是风速最高的。

从当地历年来保存的气象资料中，已显示出这块水域的频繁大风在历史上就存在过。这与 20 世纪 70 年代“飞碟”的传说并无干系。那么，老爷庙水域的大风何以如此之大，且持续时间如此之长？

多少年来杀鸡烧香、磕头膜拜的渔民们不会知道，这水域的地形特点，给风力提供了一处极为理想的加速条件。在一年的观测中，科研人员没有发现有其他神秘之物的作用，却发现风景秀丽的庐山充当了大风的“罪魁祸首”。

老爷庙水域最宽处为15公里，最窄处仅有3公里。而这3公里的水面就位于老爷庙附近。在这条全长24公里水域的西北面，傲然耸立着“奇秀甲天下”的庐山。庐山海拔1400多米，其走向与老爷庙北部的湖口水道平行，离鄱阳湖平均距离仅5公里。庐山东南峰峦为风速加快提供了天然条件。当气流自北面南下时，即刮北风时，庐山的东南面峰峦使气流受到压缩。根据流体力学原理，气流的加速由此开始，当流向仅宽约3公里的老爷庙处时，风速达到最大值，狂风怒吼着扑来。就如同我们在空旷的地带没有感觉，而经过狭窄的小巷顿感风阵阵吹来一样，“狭管效应”的结果加快了风速。

无风不起浪，波浪的冲击力是强大的。经计算，鄱阳湖水面刮6级大风时，也就是属大风日，波浪高达2米。而此时每平方米的船体将遭到6吨冲压力的冲击。也就是说，一艘载重量20吨的船舶，其船侧面积按20平方米计算，波浪对其的冲击力则达到120吨，超出船重量的五倍。

狂浪大风使这块神秘水域沉船频繁。在这块水域中，风浪最为肆虐的多发生在一块呈三角形状的大水面上，约占整个水域面积的70%左右。据调查显示：船舶沉没时，大多数都是风起浪激作用的结果。近几年间，每年均有十多条船由此沉没或被浪击毁。

但是，老爷庙水域的“魔三角”之谜还是没有完全解开。因为这里面所涉及水域底部的地形状态等依然无人去观测，而这不属于气象科研人员研究的范畴。这一切，都有待于今后的探索研究。



## 母亲河源自何方

“君不见黄河之水天上来，奔流到海不复回。”这是唐代诗人李白留下的著名诗句。它形象地描绘了黄河雄伟的风姿、磅礴的气势和一往无前的精神。横贯中华大地的黄河，是我们中华民族的摇篮，也是世界古代文化的发祥地之一。黄河中游流经广大的黄土高原地区，支流挟带大量泥沙汇入，使河水呈黄色，故名黄河。

龙羊峡

黄河源地究竟在哪里？在五千多年的历史长河中，我国人民曾对黄河的发源地进行了多次探索。然而，限于当时的科学水平和各方面的条件，一般都只到达星宿海一带。历史文献中记载有星宿海“小泉亿万，不可胜数，如天上的星”。星宿海，藏语叫“错岔”，意为花海子，即大片沼泽及许多小湖组成的低洼滩地。这里密密的短草成堆状散布在水中，枯叶烂根年年积累，形如表面松软的沼泽地带，行经其上，极易下陷。“星宿海”并不是真正的黄河源。新中国成立后，政府曾多次派出河源查勘队，历经千辛万苦，寻找河源。

青海南部高原有“江河源”之称，水系错综，河流纵横。长江和黄河仅巴颜喀拉山一脉之隔，直线距离200余米。究竟黄河河源在哪里？学术界一直争论不休。20世纪50年代初期，认为黄河源出约古宗列曲。目前主要有两种看法：一种认为黄河多源，其源头分别是扎曲、卡日曲和约古宗列曲；另一种意见认为，卡日曲全长201.9公里，是上述三条河流中最长的，应定为正源。

黄河的河源地区气候酷寒。8月里就似数九隆冬，年平均温度不足14℃，一年只有7天绝对无霜期。即使在一天之内，晴阴风雪变化之快也令人难以置信。

黄河的河源地区没有龙门激浪洪波喷流的气势，没有壶口飞瀑巨灵咆哮的声威，只有潺潺细流蜿蜒逶迤，穿越坡地、草滩和沼泽，绕行于巴颜喀拉山的群峰之间，河水散乱，难以辨认主河道。黄河的藏语名称叫“玛曲”，即孔雀河之意。当地人民根据黄河河源周围有众多小湖的地理景观，命以孔雀河的美名，的确恰如其分。每当登高远眺，数不清的大小湖泊宛如繁星落地，恰似孔雀开屏，尾翎眼彩斑点点。

黄河在内蒙古自治区托克托县以上为上游，河道长3400多公里，大致自刘家峡以上属青藏高原范围。由于高原整体抬升和河流下切作用强烈，黄河上游峡谷众多。万里黄河上的第一个峡谷是位于星宿海盆地和约古宗列盆地之间的茫尕峡谷，该峡谷东西延续18公里，谷宽500～1000米，谷底和山顶高差100～200米，黄河通过峡谷的流量为每秒1.6立方米。刘家峡是黄河在青藏高原的最后一个峡谷，风刀雨剑砍石壁，挤成12公里长的通道，活像人工开凿的水渠。如今，一座巍峨挺拔的大坝，矗天而立。坝高147米，形成的大水库全长65公里，总库容57亿立方米。远看水面浩瀚，雾水茫茫，仿佛碧波仙女披着一层薄纱。

当然，黄河上游最著名的还要算龙羊峡。在这里，黄河劈开近百里长的峡谷，两岸壁立千仞，悬崖耸立高达700米。河谷深窄，水面宽仅四五十米，峡谷内天然水面落差225米。龙羊峡水电站是黄河上游水力发电梯级电站的龙头。高原峡谷人烟稀少，在这里建电站，工程量小。而且，黄河愈往上游，水土流失愈轻微，河水泥沙含量小，不会出现由于泥沙严重淤积不能蓄水的问题。

## 响沙湾的沙丘为何鸣唱



我国有四大举世闻名的鸣沙地，即甘肃敦煌县的鸣沙山、宁夏中，卫县的沙坡头、新疆哈密地区巴里坤哈萨克自治县的吗沙山和内蒙古达拉特旗的响沙湾。响沙湾在内蒙古自治区包头市之南约50公里，位于库布齐沙漠的中段，属达拉特旗，这里以响沙著称于世界。

所谓响沙就是指能发出响声的沙子，有的地方又称鸣沙。响沙湾的沙丘和一般的沙丘相似，呈新月形，高约50米，沙丘的坡度约为三四十度。天晴时，这里的沙子经过太阳一晒，温度有时可高达50℃。赤脚走不行，穿着鞋子走容易进沙子，也不行。当你顺着山坡从山顶铺下来的长长的软梯慢慢爬上山顶以后，再从沙丘顶部坐在一片灿灿发光的金黄色的沙面上慢慢向下滑去的时候，就会发出一阵阵响声。这种响声有时像远处飞机或汽车的嗡嗡之声，有时像抖空竹呜呜之声，有时又像青蛙的叫声。总之，

响沙湾

随着姿势的不同、用力的大小，发出的声音也就因人因地而异了。其声音之大，相隔近十米远还可以听得清清楚楚。

响沙湾的沙子为什么会发出这些奇异的响声呢？当地人传说，这里本来有一座宏伟壮丽的喇嘛庙。有一天，一夜之间，狂风吹来的沙石把这座大庙埋了起来，堆成一座沙山。埋在地下的喇嘛们还在不断地念经、击鼓、吹号……我们听到的，就是喇嘛念经、击鼓的声音。这当然只是一个有趣的传说，从科学上，鸣沙又该怎样解释呢？

可惜，到目前为止，还没有一个令人十分满意的科学解释，它仍然是一个未能完全解开的谜。有的科学工作者认为响声的发生似乎和以下几个因素密切相关。第一是地貌，沙丘呈新月形，沙丘的对面为一小山，小山与沙丘之间有一条季节性的河流。我国的几处“鸣沙”，其地貌均大致相似。

第二是湿度，湿度大了不响，如果雨后去滑，沙子就不响了。宁夏的沙坡头就是由于植树造林以后湿度增大而成了哑巴。可是，如果沙子太干，它也不鸣。敦煌的鸣沙山就是由于处在沙峰环抱之中的月牙泉的泉水枯竭而不鸣了。由此可见，若要出现“响沙”，湿度要适中。

第三，响沙和沙子的厚度有关。这里松散的沙子下面是比较硬的一层沙砾岩。沙丘顶部的沙子厚度可能较深，沙丘底部的厚度可能又较厚，所以最响的部分是在山坡的中部。

第四，是沙子的粒度较细而且均匀，沙子的成分主要是石英、长石、黑云母等矿物。沙粒细匀而又湿度适中，则沙子空隙之间既有利于空气的储藏且又不易逸散，这是一个重要条件。山顶坡度陡，沙层薄，显然条件不好；山麓沙层太厚，湿度也可能较大，似乎条件也不算太好。至于沙层之下的沙砾岩层的崎岖不平或者是否有风化凹面，以致空洞影响着发声，则需试探后才能证实。总之，在滑下时，用力越大，动作越协调，则响声越大。一些游人由于去时是在雨后，或是由于没有掌握好下滑的技术，结果是虽见其沙，未闻其声，只是抱怨而归，那就未免太遗憾了。

沙漠里的确有很多好玩的现象，什么海市蜃楼啊，响沙啊，不过人类还没有完全搞清楚这些现象的原因，所以它们身上还笼罩着迷人的神秘色彩。

## 太湖成因之谜

太湖位于风景如画的江苏无锡，是我国长江中下游五大淡水湖之一，水面达2400平方千米。太湖的水域形态宛如佛手，作为江南的水中心，它以其丰富的资源孕育了流域内人们的繁衍生息，自古就被誉为“包孕吴越”，历代文人墨客更是为之陶醉，留下了许多脍炙人口的诗句。

然而，就是这样一个全国闻名的太湖，关于它的成因，一直到今天还争论不休。

早在20世纪初，我国地理学家丁文江与外国学者海登施丹就认为，是

太　湖

大江淤积之故导致了太湖的形成。他们指出在五千年前，江阴为海岸，江阴以东，如皋以南、海宁以北，即包括太湖地区在内都是长江淤积的范围，这是最初对太湖的成因所作的理论上的描述。

发展至20世纪30年代，学术界对太湖的形成有了较成熟和系统的看法。著名的地理学家竺可桢与汪胡桢等提出了泻湖成因论，即以后广为流传的太湖经“海湾——泻湖——湖泊水网平原”的演变模式。泻湖论在以后又不断被充实新的内容。德人费师孟在1941年提出经太仓、嘉定外冈、上海县马桥、金山漕泾，直至杭州湾中的王盘山附近，为一沙咀组成的冈身，是公元一到三世纪的海岸线。以后经对位于冈身的马桥文化遗址下的贝壳碎屑进行碳十四测定，基本上公认冈身是六千年前的古海岸线。

近年来，随着对太湖地区地质、地貌、水文、考古和文献资料等方面的不断研究，对太湖成因的探究又有了新的发展，有人对泻湖论中所存在的问题提出了质疑。认为在海水深入古陆腹地的过程中，虽然一边冲刷，一边沉积，但这种情况对于整个古陆地来说是不平衡的，有的地方确有泻湖地貌的沉积，但它不具有整体意义。因此，泻湖论虽然可以解释太湖平原的地形和地质上的海湖沉积，但难以解释何以在太湖平原腹地泥炭层之下以及今日湖底普遍有新石器遗址与古生物化石的存在，同时也与全新世陆相层的分布范围不符。

中国科学院南京地理所的陈月秋还提出了太湖系构造湖演变而成的说法。陈先生根据太湖地区的古海岸线的位置、沉积相与微古化石种属特征、地貌形态和考古资料等诸多因素，否定了太湖地区在全新世期间曾有海侵，即否定了太湖为泻湖成因论；同时，他又提出由于强烈的燕山活动，奠定了太湖地区的地质基础，以后在新构造运动的继续影响下，太湖断陷盆地作西高东低的倾斜式下沉，湖区的边框形态基本上接近今日太湖的面貌，后来随着河道比降的变化，使三壅塞改道，湖水泛滥，以至在低洼地普遍发育了陆相沼泽层。

可是近年来，一些研究者在研究太湖的过程中又有了新发现。人们在翻阅一本叫《吴中水利记》的北宋时期的古书时，发现书中记载着在北宋神宗八年（公元1075年），太湖地区发生大旱，太湖水位下降到了以往从来没有过的位置。这时人们发现，湖边数里的干涸的湖底上，竟然露出了古代居民留下的坟墓和村庄的街道，一根根已经近于腐烂的树桩仍然立在湖中。人们还在太湖的湖底找到距今六千年到一万年前古人类石器时代的遗址。

这个事实给以上的成湖说以致命的打击。于是，又一种假说出现了。人们推测，大约在六千年到一万年前，太湖地区是一片低平的平原，人们曾经在这里生活和居住过。由于地势较低，终于积水成湖，人们还没有来得及搬走他们的家当，就被洪水淹没了。

至于太湖这片洼地的形成，他们认为，这和这里的地壳运动有关。太湖地区可能一直是一个地壳不断下沉的地带，由于地势低洼，从四面八方汇来的流水不能及时排出去，自然就形成了湖泊。

太湖的“平原淹没说”还没有得到更多的传播和响应，又一种成因说突然出现了。最近，一批年轻的地质工作者们，用全新的观点来解释了太湖的形成。

他们大胆地假设：在遥远的古代，曾有一颗巨大无比的陨石，自天外飞来，正好落在太湖的位置上。也就是说，偌大的太湖竟然是陨石砸出来的！他们估计，这颗陨石对地壳造成的强大冲击力，其能量可能达到几十亿吨的黄色炸药爆炸产生的能量，或者等于1000万颗在日本广岛上空爆炸的原子弹的能量。

可见，目前对于太湖的成因还没有形成统一的认识，但所有这些不同的观点，均有助于推动人们作进一步的调查和研究。随着不断的深入探究，人们最终一定能揭开扑朔迷离的太湖成因之谜。



## 魔鬼谷之谜

青藏高原北部的昆仑山区，有一条名不见经传的内流河——那棱格勒河。那棱格勒河风景如画，草肥水美，是一个富饶的地方。河流南面有高耸入云的昆仑山主脊，北面有祁曼塔格山阻挡着柴达木盆地夏季干燥而炎热的空气，两山夹峙，雨量充沛，气候湿润，再加上叶脉状大小支流中的冰川融雪，灌溉着这片古老的谷地，因此，这儿牧草丛生，远远望去，好似锦绣的绿色绒毡。冰雪消融，遍地青草沼泽，染绿了座座大山、条条

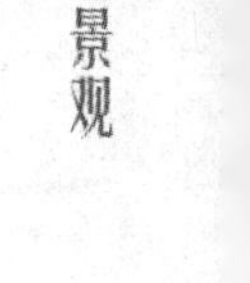

山谷。

夏天山花烂漫，蜂飞蝶舞，万物欣欣向荣。秋天，银芒飘拂的金色草原上徜徉着成群结队的野牦牛、野驴、藏羚、原羚、黄羊。总之，面对这样的山谷，你绝对不会和“魔鬼谷”联系在一起，然而，这里的确是一个包裹在美丽平静中的恐怖地带。

昆仑山区

“魔鬼谷”的美丽和平静是虚伪的，在这山谷沼泽淤泥的深渊中，充满着熊的骨骸、猎人的工具、淘金者的尸体。

蒙古族、哈萨克族、维吾尔族的牧民曾到此放牧，但由于惧怕“魔鬼”的凶残，牧民们后来再也不敢来这里了，他们宁愿让羊群在戈壁沙滩上饿死，也不敢到那里去放牧。这个魔鬼到底是什么，竟然让这里几十年渺无人烟？

7 月底的一天，骄阳似火，蓝天如洗，飞禽高翔，“魔鬼谷”更加娇柔妩媚。可刹那间，乌云翻滚，雷鸣电闪，冰雹雪霰齐下，狂风夹杂着飞沙走石，搅得周天寒彻，大有魔鬼降临之势。

雷暴过后，“魔鬼谷”又恢复了平日的美丽和平静，但山坡上却留下了许多不幸的马和野牦牛的尸体，尸体附近有一片片枯草和焦土。

制造恐怖和死亡的“魔鬼”究竟是谁？经过科学工作者的多方面研究和考察，总算弄清了“魔鬼”的真面目。这个凶残的“魔鬼”原来是雷电。这美丽的山谷竟是一个雷击区。

为什么雷击多集中在这“魔鬼谷”？经过长期全面的勘察，发现此山谷是个峰值高达 1000 ~ 3000 伽玛的高磁异常带，共有 17 个异常区组成，其特点是规模大，梯度差明显，一般长 10 公里以上，宽一两公里，排满了整个百里山谷，那棱格勒河的两岸，地表被黄土、沙砾、泥沼掩盖，野外人员在磁场上工作时指南针失灵，迷失方向，潜伏着很大的危险。

经考察队员进一步证实，产生高磁异常的原因除大面积三叠纪火山喷发的强磁性玄武岩外，还有大大小小30多个铁矿脉及石英闪长岩体，在电磁效应作用下，可引来雷雨云中的电荷，产生空气放电。

昆仑山位于西风急流控制之下，潮湿的空气受昆仑山主脊的阻挡，常沿这两山夹峙的东西向峡谷汇集，形成雷云雨云，并携带大量电荷，构成很强的电场，一旦遇到突出的地物，即产生“尖端放电”现象。这个地方没有树木和建筑物，雷击放电时当然就选中了突出的岩石、野兽和人。

如果科学家不给我们解开这个谜，人们真的会一直认为是神出鬼没的“恶魔”在作怪呢！

## 中国的百慕大之谜

在四川盆地西南的小凉山北坡有个叫黑竹沟的地方，被人们称为“魔沟”、“中国的百慕大”。这里古木参天，箭竹丛生，一道清泉奔泻而出，一切都那么宁静祥和，但是这里发生的一桩桩奇事却令人大惑不解……

黑竹沟

传说，在沟前一个叫关门石的峡口，一声人语或犬吠，都会惊动山神摩朗吐出阵阵毒雾，把闯进峡谷的人畜卷走。1955年6月，解放军测绘兵某部的两名战士，取道黑竹沟运粮，结果神秘地失踪了。部队出动两个排搜索寻找，却一无所获。

1977年7月，四川省林业厅森林勘探设计一大队来到黑竹沟勘测，宿营于关门石附近。身强力壮的高个子技术员老陈和助手小李主动承担了闯关门石的任务。第二天，他俩背起测绘包，一人揣着两个馒头便朝关门石内走去。可是到了深夜，依然久久不见他俩回队。从次日开始，寻找失踪者的队伍逐渐扩大。川南林业局与邻近的峨边县联合组成的百余人的寻找失踪者的队伍也赶来了。人们踏遍青山，找遍幽谷，除两张包馒头用过的纸外，再也没有发现任何蛛丝马迹。

9 年后的 1986 年 7 月，川南林业局和峨边县再次联合组成二类森林资源调查队进入黑竹沟。因有前车之鉴，调查队做了充分的物资和精神准备，除必需品之外还装备了武器和通信联络设备。由于森林面积大，调查队入沟后仍然只好分组定点作业。副队长任怀带领的小组一行七人，一直推进到关门石前约两公里处。这次，他们请来了两名彝族猎手做向导。

当关门石出现在眼前时，两位猎手不想再往前走了。大家好说歹说，队员郭盛富自告奋勇打头阵，他俩才勉强继续前行。及至峡口，他俩便死活不肯再向前跨一步。副队长任怀不忍心再勉强他们。经过耐心细致的说服，两方好不容易才达成一个折中的协议：先将他俩带来的两只猎犬放进沟去试探试探。第一只灵活得像猴一样的猎犬，一纵身就消失在峡谷深处。

可半小时过去了，猎犬杳如黄鹤。第二只黑毛犬前往寻找伙伴，结果也神秘地消失在茫茫峡谷中。两位彝族同胞急了，不得不违背沟中不能“打啊啊”（高声吆喝）的祖训，大声呼唤他们的爱犬。顿时，遮天盖地的茫茫大雾不知从何处神话般地涌出，9 个人尽管近在咫尺，彼此却根本无法看见。

惊异和恐惧使他们冷汗淋漓，大气不敢出。副队长任怀只好一再传话：“切勿乱走！”大约五六分钟过后，浓雾又奇迹般消退了。玉宇澄清，依然古木参天，箭竹婆娑，队员们如同做了一场噩梦。面对可怕的险象，为确保安全，队员们只好返回。

黑竹沟至今仍笼罩在神秘之中，或许只有消失在其间的人才知道它的谜底，但却不能告诉我们。

## 金沙江因何拐弯

金沙江是长江的上游，它和怒江、澜沧江等大河在青藏高原的东北部发源，然后几乎彼此平行地一齐向南流淌，在青藏高原的东侧切成几列深邃的平行河谷。而在河谷与河谷之间，就是一条条大致平行的高山，这就是我国有名的横断山脉。在这三条河流中，金沙江最靠东边。起初，金沙江也是由北向南流的，可是当流到云南省境内的石鼓村北时，江流突然折转向东，而后又转而向北，在只有几千米路的距离内，差不多来了一个 180 度的大拐弯。金沙江流过石鼓村以后，坡度骤然加大，江水在只有几十米宽的深谷中呼啸奔腾。江两岸，一边是玉龙雪山，一边是哈巴雪山，从江底到峰顶高差 3000 多米，形成世界上最壮丽的峡谷，这段峡谷就是大名鼎鼎的“虎跳峡”。

金沙江

千百年来，万里长江第一弯曾使许多到过这里的旅行者迷惑不解，就是世世代代居住在江边的居民们也弄不清这到底是怎样形成的。世界上所有的河流都是弯弯曲曲的。河流弯曲的原因主要是由于河水对两岸的侵蚀不同而造成的，因此河流总是在大地上划出一条条十分平滑和缓的曲线。但是，也有一些特殊的情况。有的河流在它的流程中，可能会产生十分突然的拐弯，金沙江上的大拐弯就是其中最典型的例子，因此有“万里长江第一弯”之称。

科学工作者通过对金沙江的河流形态进行深入研究，提出了下面一些推断。

一种比较流行的看法是，从前金沙江并没有今天的大拐弯，而是和怒江、澜沧江等一起并肩南流。就在金沙江与它的伙伴们一起南流的时候，在它东面不远的地方，还有一条河流由西向东不停地流淌着，我们不妨叫它“古长江”。急湍的古长江水不断地侵蚀着脚下的岩石，也不断地向西伸展着。时间一长，终于有那么一天，古长江与古金沙江相遇了。它们相遇的地点就在石鼓村附近。

想想看，两条大河相遇会发生什么情况呢？俗话说：“人往高处走，水往低处流。”古长江地势比起古金沙江要低得多，滔滔的金沙江水受到

古长江谷地的吸引，自然掉头向东。于是，金沙江就成了长江的一部分。这种现象，在地貌学上有一个名词，叫“河流袭夺”。河流袭夺这个词起得非常生动。一条本来流得好好的河流，竟然被另一条毫不相干的河拦腰斩断，把它掠夺到自己的怀抱里。

河流袭夺说还有一个有力的证据，那就是在今天的金沙江石鼓大拐弯的南方，也就是人们认为的当年金沙江流过的地方，还真有一条小小的河流——漾濞江。漾濞江的源头与石鼓的距离也不很远，那里还有一条宽阔的低地。这里虽然没有河流，可是仍然是一种河谷的形态。袭夺说的支持者们认为，古金沙江被古长江袭夺以后，江水虽然被古长江袭夺而去，但是当年的河谷还在，并且在古金沙江的下方，仍然残存着一条小河——漾濞江，那也是古金沙江的遗迹。

也有人不同意这种看法。他们认为：这里根本就没有发生过古长江与金沙江相互连通的河流袭夺事件，今天的金沙江之所以会发生这样奇怪的拐弯，只不过与当地地壳断裂有关。他们发现，在石鼓以下的虎跳峡是沿着一条很大的断层发育起来的。金沙江在它流淌的过程中，碰巧遇到这条断层，河流不得不来了一个大拐弯。

可是，金沙江的大拐弯是发生在几十万年以前甚至更早的地质现象，谁也没有亲眼看见过长江是怎样把金沙江袭夺而去的。另外，年代又距离我们那么遥远，不管袭夺也好，还是沿着一条断裂带流淌也好，当时留下来的遗迹，已经被无情的风雨侵蚀得面目全非了。所以，这两种意见争论了许多年，直到今天仍然没有取得一致的看法。

## 西湖的前身是海湾吗

西湖究竟是怎样形成的，至今学术界仍聚讼纷纭。而弄清楚西湖到底是怎么形成的，对西湖的现在和未来发展都有重要的价值。

一种说法认为是由于筑塘而形成的。西湖本与海通，这是古今比较一致的看法，自刘宋文帝时钱唐县令刘道真在《钱塘记》所记，东汉时钱唐郡议曹华信为防止海水侵入，招募城中人民兴筑了“防海大塘”，及成，

西 湖

"县境蒙利"，因之便连钱唐县衙门也迁来了，这就是今日杭州市的前身，西湖从此与海隔绝而成为湖泊，此说为历代学者所承袭，流传至今。

1909 年，日本地质学者石井八万次郎先生提出，西湖是因火山爆发，岩浆阻塞海湾而成的。

我国著名科学家竺可桢先生通过详细实地调查研究，认为西湖原是一个泻湖，否认了石井八万次郎先生的推断。这个观点认为，西湖本为海湾，后由于江潮挟带泥沙在海湾南北两个岬角处（即今吴山和宝石山）逐渐沉淀堆积发育，最后相互连接使海湾隔绝了大海而成为泻湖。

魏嵩山先生根据《史记·秦始皇本纪》记载，公元前 210 年秦始皇东巡会稽，"至钱唐，临浙江，水波恶，西百二十里从狭中渡"，可见当时（杭州附近）的钱塘江水面仍相当辽阔。而《汉书·地理志》所载"武林山，武林水所出，东人海"，则更清楚地表明直到西汉时期西湖仍为海湾，杭州市区尚未成陆。魏氏确信刘道真《钱塘记》所载华信筑大塘之事，认定西湖与海隔绝成为内湖，时间应当是东汉。

林华东先生对众多研究者主张的"西湖是因为东汉华信筑塘成功后才形成"的说法提出商榷，认为倘确有华信筑"防海大唐"，其功能应是防御海潮冲击吞没陆地的捍海塘，如同 1983 年 7 月在杭州江城路立交桥所发掘的五代钱氏捍海塘的功能一样，说明东汉华信筑防海大塘时，内侧地带早已成陆，然因常受潮患，故在海潮冲击要害处“立塘”，保护陆地不被海水吞没。这并不能理解为华信在吴山与宝石山之间，筑起一条如同建造水库时的拦洪蓄水大坝后，从而促成西湖的形成。林氏主张最迟在东汉之前，西湖就已形成。

吴维棠先生从西湖东岸望湖饭店地下 4 米深的钻孔采样中，发现有一黑色富有机质和植物残体的黏土层，碳 14 年代检测得知距今 2600 年左右。白堤锦带桥两侧的五六米深处的钻孔中，有一炭化程度较高的泥炭层，厚 10～50 厘米，用其上部的标本作碳 14 年代测定，为距今 1805 年左右。泥炭层之下是青灰色粉砂质黏土，富有机质和炭化的植物干枝，孢粉分析结果，有黑三棱、眼子菜等陆上浅水生的植物，表明当时西湖已是沼泽。据此估计，西湖在春秋时代已经沼泽化。在疏通西湖的时候，工人们曾发现一些石器和战国至汉代的铁斧，很可能是人们从事渔猎生产活动失落的。因此，吴维棠先生推断：在西汉前，杭州非但不是海湾，连海湾成陆后遗留下的残迹湖（西湖）都已沼泽化。这就无怪乎《史记》《汉书》《越绝书》等古籍中，只记及钱塘县和别的湖泊，而没有古西湖的记载。

尽管至今人们还不能清楚地知道西湖的成因，但随着研究的深入，相信科学家们会给我们一个满意的答案。